消失的文明

建筑

池建新 主编

中国科学技术出版社
·北京·

图书在版编目（CIP）数据

消失的文明：建筑 / 池建新主编 . -- 北京：中国科学技术出版社，2024.5
ISBN 978-7-5236-0563-9

Ⅰ . ①消… Ⅱ . ①池… Ⅲ . ①古建筑—中国—普及读物 Ⅳ . ① TU-092.2

中国国家版本馆 CIP 数据核字 (2024) 第 053084 号

策划编辑	徐世新
责任编辑	徐世新 张耀方
封面设计	周伶俐
正文版式	玉兰图书设计
责任校对	张晓莉
责任印制	李晓霖

出　　版	中国科学技术出版社
发　　行	中国科学技术出版社有限公司
地　　址	北京市海淀区中关村南大街 16 号
邮　　编	100081
发行电话	010-62173865
传　　真	010-62173081
网　　址	http://www.cspbooks.com.cn

开　　本	710mm×1000mm　1/16
字　　数	130 千字
印　　张	14.75
版　　次	2024 年 5 月第 1 版
印　　次	2024 年 5 月第 1 次印刷
印　　刷	北京瑞禾彩色印刷有限公司
书　　号	ISBN 978-7-5236-0563-9/U・108
定　　价	98.00 元

科影发现系列丛书总编委会

主　　任：张　力　池建新

副 主 任：余立军　佟　烨　刘　未　金　霞　鲍永红

委　　员：周莉芬　李金玮　任　超　陈子隽　林毓佳

本书编委会

主　　编：池建新

成　　员：葛晓娟　任　超　陈子隽　李晓龙　刘　蓓

　　　　　　张　鹏　林毓佳　樊　川　赵显婷　郭　艳

　　　　　　宗明明　郭海娜

版式设计：赵　景　易爱红

图片来源：北京发现纪实传媒纪录片素材库

　　　　　　图虫网　神笔 PRO

池建新

　　著名纪录片制作人。中央新影集团副总经理，发现纪实传媒董事长兼总经理。中国电影家协会理事，首都纪录片发展协会科学纪录片专委会秘书长。中国传媒大学客座教授。

　　编撰了大型系列图书《中国电影百年精选》，出版了著作《频道先锋——电视频道运营攻略 》。

　　代表作包括《手术两百年》《中国手作》《留法岁月》《人参》等大型纪录片；创建央视《百科探秘》《创新无限》《文明密码》《考古拼图》《第 N 个空间》《创业英雄》等栏目，担任制片人。

　　带领的团队获得金鸡奖、百花奖、星花奖、中国纪录片十佳十优、纪录中国、中国纪录片学院奖及中国广播电视协会等颁发的各类奖 100 多项。

科影发现

　　中央新影集团下属优质科普读物出版品牌，致力于科学人文内容的纪录和传播。团队主创人员由资深纪录片人、出版人、文化学者、专业插画师等组成。团队与电子工业出版社、清华大学出版社、机械工业出版社、中国科学技术出版社等国内多家出版社合作，先后策划、制作、出版了《我们的身体超厉害》《不可思议的人体大探秘：手术两百年》《门捷列夫很忙：给孩子的化学启蒙》《小也无穷大》《中国手作》《文明的邂逅》等多部优质图书。

序

历史长河，建筑印记

人类在茫茫的历史长河中创造了灿烂的文明，而在人类文明印记中，留存最广泛的是建筑。

无论是皇宫、离园等世俗权威之地，还是古刹、寺庙等宗教庄严之所；无论是寄托获得生活的安稳、人文昌盛美好愿望的古塔，还是远眺游憩、陶冶情操的阁楼，建筑都给人类提供了栖身之所和精神寄托的家园。

现今耸立于山西省永济市黄河边的鹳雀楼，是我国目前最大的仿唐建筑，高台重檐，气势恢宏，十分壮观。时光正如眼前的黄河之水，日夜向东奔流而去，但古鹳雀楼所承载的历史、人文精神却永远地"定格"在后人的心目中，与黄河之水一样奔腾不息，千古回响。

位于江西省南昌市赣江边上的滕王阁，始建于中国唐代，千百年来它一直是历代文人登临作赋的圣地。然而很多人不知道，这座楼阁在建立之初，其实是一个失意皇子的宴乐之地。

耸立在湖南省岳阳市西门城头的岳阳楼，相传为三国时期东吴大将鲁肃的"阅军楼"，因为北宋政治家、文学家范仲淹脍炙人口的《岳阳楼记》而著称于世。千百年来，无数文人墨客在此登览胜境、凭栏抒怀。然而，大家不知道的是，在近千年的历史长河中，岳阳楼经历的诸多沧桑。

矗立在杭州西湖边的雷峰塔由吴越国国王下

令修建，但在塔建成一年后这个王国就灭亡了。人们记住雷峰塔，是因为一个凄美的爱情传说《白蛇传》。然而，除了这个浪漫爱情传说，雷峰塔在千年的历史中多次被毁又多次被修复，它真正的身世很少有人知晓。

被誉为中世纪世界奇迹的大报恩寺琉璃塔，曾经是整个中国的骄傲，它不仅仅承载了大明王朝的一段历史，在塔内更放有佛教圣物，寓意深远。但大报恩寺琉璃塔的前世今生却是传奇一般的存在。

江苏南京的阅江楼是江南四大名楼之一，却有着600多年"有记无楼"的传奇历史。朱元璋为何兴致勃勃地要建阅江楼，又为何在短短几十天后突然下令停建？历史的谜团，吸引着人们去探索。

风烟并起的鹳雀楼、有着盛世风采的滕王阁、悠悠千古的岳阳楼、被寄托国泰民安美好祈愿的雷峰塔、童话中的"中国瓷塔"琉璃塔、阅江幻境中的阅江楼……在历史长河中，这些建筑因人为和自然的力量已经消失，又因种种机缘而得以重建。

那些消失的建筑遗留下来的蛛丝马迹，让今人得以穿越时光长河回想千百年前建筑的盛景和历史人文。

世事变迁，不胜沧桑。这些消失的建筑背后究竟藏着怎样的故事？让我们一起来揭开消失的建筑那神秘的面纱。

目录

千古名楼
鹳雀楼

鹳雀楼，又名鹳鹊楼，位于山西省永济市蒲州古城西面的黄河东岸，因初建成时常有鹳雀栖息于此而得名。

鹳雀楼始建于北周，楼体雄伟壮观，前瞻中条山，下临黄河水。唐宋几百年间众多诗人文豪到此登临吟诵，其中尤以盛唐时期著名诗人王之涣的《登鹳雀楼》最负盛名。鹳雀楼也因这首千古绝唱而名扬天下，成为中国四大历史名楼之一。

古鹳雀楼自 557 年始建，571 年建成，后历经隋、唐、五代、宋、金 700 余年，在元宋两国的战火中被毁。

我们今天看到的耸立于黄河岸边的鹳雀楼是新建的，占地面积约 2.064 平方千米，该楼自 1992 年开始筹建，历经 10 余载，于 2002 年竣工。

2002 年 9 月 26 日，鹳雀楼重修落成典礼在黄河之畔举行，10 月 1 日起，开始正式接待游客。

鹳雀楼

新建的鹳雀楼为仿唐形制，远远望去高台重檐，气势恢宏。

这是一座四檐三层高台式层楼，采用钢筋混凝土结构建造，是我国目前最大的仿唐建筑，十分雄伟壮观。楼体总高73.9米，外观三层结构清晰可见，然而进入楼内时就会发现它内分六层，每层都有宽敞的回廊。

楼内每层陈列的展品都有不同主题，从千古绝唱到大唐蒲州盛景，从源远流长的华夏文化到黄土风韵……盛唐氛围和华夏文明得到充分展示，每天吸引着数以千计的游人参观游览。

今天的鹳雀楼试图以雄伟的姿态恢复古楼的风貌，但今楼非古楼，王之涣登临的那座鹳雀楼早已不复存在。然而，古鹳雀楼所承载的历史、人文精神却永远地定格在人们的心中。

新建鹳雀楼

鹳雀楼题匾

千古绝唱诵名楼

遥望一轮落日向着连绵起伏的群山西沉，在视野的尽头冉冉而没，流经楼前的滔滔黄河朝着东海汹涌奔流。只需再登上一层楼，千里之外更辽阔豪壮的秀丽山河就可尽收眼底。这是唐代诗人王之涣的《登鹳雀楼》所描绘的景象，这首写景诗真正做到了缩万里于咫尺，使咫尺具万里之势。

登鹳雀楼

唐·王之涣

白日依山尽，黄河入海流。

欲穷千里目，更上一层楼。

王之涣这首脍炙人口的诗歌，不仅中国的小学生都会吟诵，而且传播到了海外。日本汉语课本精选的五首唐诗，将《登鹳雀楼》列在首篇。可见这首诗的艺术魅力早已穿越历史、跨越疆界，不分民族和国家，被越来越多的海内外人士所喜爱。

除了王之涣留下的千古绝唱，在唐朝那个名人辈出的诗国里，李益和畅当等诸多诗人也同样在鹳雀楼留下了著名的诗篇。

　　北宋大科学家沈括在《梦溪笔谈》中曾提到鹳雀楼，"唐人留诗者甚多，惟李益、王之涣、畅当三首能状其景"，沈括将李益排在首位而力压王之涣，足见李益当时在唐代诗坛的地位。

　　李益是中唐时期的边塞诗人，但与写凉州一带边塞诗的王维、王之涣有所不同，他的边塞诗写的是燕山以外的内蒙古一带。李益与李贺在唐代有齐名之誉，被后人并称"二李"。唐代诗人除李白、杜甫、白居易、王维以外，接下来就是李贺，能与李贺齐名，足以说明大家对李益诗作的评价之高。

后土祠内的秋风楼

那么,李益的《同崔邠登鹳雀楼》究竟有着怎样的艺术魅力?

同崔邠登鹳雀楼

唐·李益

鹳雀楼西百尺樯,汀洲云树共茫茫。
汉家箫鼓空流水,魏国山河半夕阳。
事去千年犹恨速,愁来一日即为长。
风烟并起思归望,远目非春亦自伤。

这是一首七言律诗,诗人傍晚登楼极目远眺,面对桅墙云树、流水、夕阳,不由触发怀古之幽思。

此诗首联描绘了鹳雀楼周边的美景:黄河之上帆樯高悬,四野树木被烟雾笼罩。颔联前句引用了汉武帝刘彻行幸河东,祀后土祠,作《秋风辞》的典故;后句则追溯了春秋战国时期韩、赵、魏三家分晋的历史,感叹无论多么强大的君主与王朝,最终都如这滔滔河水,一去不返。颈联和尾联抚今追昔,转入归思。

面对眼前的物是人非,诗人用"愁""伤"两字寄托了自己对历史、对山河的深厚情感,过往历史都已成为风烟,消失在鹳雀楼所能及的视野之外。

登鹳雀楼

唐·畅当

迥临飞鸟上，高出尘世间。
天势围平野，河流入断山。

　　唐代诗人畅当写的《登鹳雀楼》，描绘出"雄伟的鹳雀楼高耸入云，远在飞鸟之上，好似远离尘世的仙境；辽阔的平原笼盖在苍穹之下，黄河水滔滔不绝奔向陡峭的群山"的场景。

诗因楼而作，楼因诗闻名。

鹳雀楼因有幸迎来王之涣等诗情才子的登高吟唱，而在盛唐众多的楼宇中卓然不群。但他们的诗作中都没有具体描述鹳雀楼的样貌，而是运用了夸张的抒情手法，共同为后人描绘了古鹳雀楼的雄伟气势。而后人对古鹳雀楼的记忆与遐想，也主要依附于这些千古传诵的诗句。那么，古鹳雀楼果真如诗歌中所描绘的那样气势高峻雄伟吗？

古鹳雀楼（复原图）

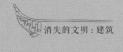

古鹳雀楼（复原图）

古书记载的鹳雀楼

探寻古鹳雀楼建造之谜

　　天下名楼以珍禽命名的楼宇，唯有黄鹤楼和鹳雀楼。黄鹤楼的名字是从神话故事中得来，那么鹳雀楼的名称从何而来？

　　据《蒲州府志》记载："（鹳雀楼）旧在郡城西南黄河中高阜处，时有鹳雀栖其上，遂名。"这句话解释了鹳雀楼名字的来源，意为这座楼建成以后，常有鹳雀栖居楼上，故得名"鹳雀楼"。

古鹳雀楼建于北周时期的蒲州，它位于陕、晋、豫三省交会的区域，是中华民族发祥地的核心地带。司马迁在《史记》中称蒲州为"天下之中"，这里的一砖一瓦都向世人昭示了悠久的历史文明。那么，植根在蒲州这片古老土地上的古鹳雀楼，到底是什么样的？

清乾隆年间编修的《蒲州地方志》有一幅简要的白描图画，并附有简短文字，记载了古鹳雀楼的真实状貌。它是一座宏伟秀丽，结构复杂的中国古典建筑，原楼高约十丈（1 丈 ≈ 3.33 米），平面呈方形，三层四檐，歇山顶。它矗立在一个高大的石砌台基之上，各层都有围廊，层层斗拱承托着梁架和屋檐，斗拱翻飞，翼角申挑。二、三层周围设勾栏，形成绕楼回廊。从这段史料文字可以得知古鹳雀楼的外观的确雄伟高大，气势磅礴。

鹳雀楼彩画

那么，这座让文人墨客倾倒的鹳雀楼到底是何时由何人出于何种目的而建？

李翰的《河中鹳雀楼集序》中记载"北周宇文护军镇河外之地，筑为层楼"，意为鹳雀楼是北周宇文护所建，《蒲州府志》中的"鹳雀楼旧在城西河洲渚上，周（公元557—571年）宇文护造。"也正好印证了这一点。由此看来，鹳雀楼确由宇文护创建。

宇文护到底是何许人？他为何在此地建造鹳雀楼？

南北朝时期的北周权臣宇文护曾在三年内先后弑杀了西魏恭帝、北周孝闵帝和明帝三位皇帝，堪称史上"屠龙第一人"。

北魏时期是鲜卑族掌权，宇文家族在北魏已经开始崛起。公元534年，北魏分裂成东魏和西魏，西魏掌权的是宇文家族，实际掌权者是

《蒲州府志》书影

古鹳雀楼（简画图）

宇文护的叔叔宇文泰。宇文护跟随叔叔屡建战功，宇文泰病逝后便将权力移交宇文护，自此由宇文护接掌国政。

公元557年，大权独揽的宇文护废黜西魏恭帝建立北周，拥立宇文泰的长子宇文觉登帝位，建都长安（今西安），自己担任大冢宰（宰相）。当时北齐篡东魏天下，建都邺（今河北省临漳县西南）。北齐与北周成对峙局面，相互之间为争夺地盘长年征战。山西大部被北齐所占，自平阳（今临汾）以及洛阳以东，均为北齐属地。

蒲州城是北周在河外占据的一块孤地，从区域上看，它处于北周与北齐两厢厮杀中的前哨位置，是军事重镇与要塞，加之距离长安不远，又是护卫都城的屏障。因此，宇文护十分看重蒲州这个军事要地，他决定亲赴前线驻守蒲州城。

蒲津渡大铁牛

　　"北周宇文护军镇河外之地，筑为
层楼……乃复俯视舜城，傍窥秦塞。"
距离宇文护建造鹳雀楼的 300 多年后，
晚唐文人李翰在《河中鹳雀楼集序》中，
将鹳雀楼描写为供披坚执锐的将士登高

鹳雀楼

观察敌情的瞭望楼。

鹳雀楼被宇文护当作戍楼，以抵御北齐军队的进犯，大抵是没有疑义的。那么，鹳雀楼是在哪年建造的？根据《蒲州府志》记载，鹳雀楼的建造时间是在557—571年，而这期间正是宇文护一生中最为得意之时。

如果仅作军事瞭望之用，为何要大兴土木，将鹳雀楼建造得如此高大雄伟？

据史料记载，宇文护曾是一个虔诚的佛教徒，他利用权势建造了大量的宫殿庙宇、亭台楼阁。既如此，宇文护为何不在其他边境要地也修建类似的瞭望楼？鹳雀楼的建造是否还存在其他的目的和动机？

由于史料缺乏，我们已无法考证当初宇文护建造鹳雀楼的真正目的。不管出于什么目的，宇文护最终留下的是一座引发后人无穷遐想和追思的历史名楼。

普救寺（局部）

在鹳雀楼东侧不远的地方，有一座同样声名显赫的普救寺。该寺是王实甫的杂剧《西厢记》故事的发生地。

普救寺和鹳雀楼东西呼应。据考证，这两处建筑之间似乎存在着某种难以言明的关系。那普救寺又是由何人建于何年？

1985年修复普救寺的时候，文物部门曾在这里进行考古挖掘。在1米多深的地下发掘出隋唐时期庙宇建筑布局的遗迹，这些迹象似乎证实普救寺是隋唐时期所建。

随即在普救寺舍利塔的地下1米处，文物部门又发现了三尊具有南北朝后期艺术风格的石雕佛像。这三尊石雕佛从身材比例看属于北周或者北齐，这正好印证了《高僧传》上所载，在北周和北齐时期已经建有普救寺，而且造有三乘佛像。

果真如此的话，普救寺的建造年代和鹳雀楼的建造年代是完全吻合的。据史料记载，那个时期蒲州城正好处于宇文护家族的势力范围，宇文护的儿子时任蒲州刺史，这足见蒲州城是宇文护非常倚重的地盘。

专家们大胆推测，普救寺会不会也是由宇文护所建、与鹳雀楼同属一个建筑群落？相信时间最终能还原历史的真相。

普救寺

普救寺

　　大权独揽的宇文护笃信佛教又喜大兴土木，在位期间除建造了大量的宫殿楼阁外，还建造了众多的庙宇宝刹。567年，一直想抑制佛教的周武帝召集群臣及名僧、道士讨论三教优劣，意在定儒为先、道教为次、佛教为后，此举遭到大冢宰宇文护的强烈反对。

　　由此可见，普救寺很有可能是笃信佛教的宇文护所建。577年，周武帝灭北齐后开始疯狂灭佛。据《房录》第11卷记载，其时"毁破前代关山西东数百年来官私所造一切佛塔，扫地悉尽"，而普救寺在这次浩劫中也没能幸免。

　　当然，上述只是一种推测，宇文护家族管理蒲州时期，不仅建造了鹳雀楼，可能还有普救寺等其他建筑。由于没有更多的挖掘证据，真相还有待进一步考证。

普救寺远景

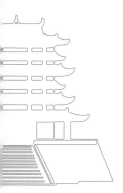

植根华夏文化，平添神秘色彩

中国的四大名楼，每座楼都是一个文化载体，滕王阁紧依赣江，因王勃的《滕王阁序》而闻名。

岳阳楼屹立洞庭湖畔，因范仲淹的《岳阳楼记》而不朽。

黄鹤楼紧邻长江，因唐代诗人崔颢的《黄鹤楼》而著名。

它们都依山傍水，符合中国古代文人心目中的山水情结，也成为文人们吟咏诗词歌赋的理想之地。同样，前瞻中条山、下瞰黄河水的鹳雀楼，也因王之涣的《登鹳雀楼》而名垂千古。

鹳雀楼作为宇文护修建的众多建筑物之一，是什么原因唯独让它在后人心中产生如此巨大的影响力？难道诗人们仅仅是被鹳雀楼的山水魅力所吸引？

鹳雀楼俯瞰图

蒲津渡遗址中的蒲津浮桥

　　如果说北周宇文护给了鹳雀楼躯体和血肉，那么大唐和历代诗人们则给鹳雀楼注入了思想与灵魂。鹳雀楼所在的蒲州在唐朝时具有重要的战略地位。在冷兵器时代，蒲州城坐拥水陆码头，掌控连通南北的交通要道，以黄河为天然屏障，易守难

蒲津浮桥模型

攻，在军事、文化、政治、经济上都有着不可替代的地位，是历代兵家必争之地。

隋朝末年，义军蜂起，天下大乱。曾任河东抚慰大使、在蒲州驻扎过的李渊和他的儿子李世民举兵造反。他们将蒲州确立为军事战略支点，不惜代价将它拿下，从而巩固了自己的政权。开元年间，唐朝政府又在蒲州修建了古代桥梁史上最为伟大的工程——蒲津渡铁牛及浮桥。至此，鹳雀楼、普救寺以及蒲津渡浮桥这些建筑景观群落在盛唐时期得以交相辉映。

蒲津渡大铁牛

蒲州古城正式成为大唐王朝的另一个政治、文化中心，再加上鹳雀楼立晋望秦，咫尺之遥的蒲津渡浮桥又连接了两地，由此吸引了众多的文人雅士前来登楼抒怀。鹳雀楼虽在北周已经建成，但是彼时的名声与规模并不被重视。它真正受到重视是在王之涣的题诗传遍全国以后，一时间它成为声名远扬的名楼，仅唐代题咏鹳雀楼的诗就有三十余首。

另据当代学者的一种研究考证，"华夏"中的"夏"指的是历史上的大夏民族，它的繁荣正是以尧、舜、禹为象征的，活动核心在河东一带；"华"指的是华山一带，即黄河西岸这片被称作"八百里秦川"的地方。从地域上讲，鹳雀楼所在的区域处在河南、山西、陕西三省交界之处，正好坐落在华夏历史坐标的中心，正是华夏文化的根系所在，这一巧合也给鹳雀楼蒙上了一层神奇的面纱。

　　鹳雀楼自诞生之日起便开始了它见证随后几百年历史的征程。或许因为鹳雀楼承载了太多历史的记忆，才不断吸引历代骚人墨客前来吟诵题记，使得鹳雀楼成了后人心中的人文精神名楼。

蒲州古城

古鹳雀楼的涅槃重生

　　2002 年 9 月 26 日，鹳雀楼重修落成典礼在黄河之畔举行，数万人参加了这个特别的活动，来自海内外的各界人士热烈庆祝消失了 700 多年的历史名楼的重生。

　　重建后，唐玄宗巡幸蒲州景象模拟图，盛唐时期王之涣与王昌龄、高适比诗的传说故事，1500 多年前北周宇文护兴建鹳雀楼的情景壁画，还有那些象征黄河流域古老文明及其当地民俗文化的展品等，皆以独

特的方式登上鹳雀楼的舞台，吸引着大批前来怀古的人们。

但今楼非古楼，这座让历代风流才子们魂牵梦绕的千古名楼，又是因何消失在历史的风烟之中？

古鹳雀楼遗址在哪里？

历史上它是否被重建过？

历经千余载后，今人在将它复建的过程中又遇到了怎样的困惑？

鹳雀楼内部展画

鹳雀楼斗拱

　　572 年，鹳雀楼曾面临一次灭顶之灾，这一年鹳雀楼的创建者宇文护被杀害。

　　560 年，宇文护因忌惮周明帝日渐上升的威望而毒死了他，并拥立宇文泰的四子宇文邕为帝，史称周武帝。周武帝对宇文护的擅权弄政和大兴土木的行为深恶痛绝，在忍辱负重、韬光养晦 12 年后，"羽翼丰满"的周武帝决心将他彻底铲除。

　　572 年的一天，宇文护被周武帝骗至后宫杀死，他的同党及亲属也多数被杀戮，就连远在蒲州任刺史的儿子也被召回长安后赐死。随后周武帝实施了疯狂的灭佛政策，焚烧了宇文护生前兴建的所有宫殿楼阁以及庙宇宝刹等。

　　唯独鹳雀楼在这次宫廷政变中幸免于难。专家推测，鹳雀楼雄伟壮观，不管作为地域景观，还是用于军事瞭望，都有着非同寻常的意义，至于周武帝是否因为上述原因放过了这座由宇文护建造的楼宇，世事已过千载，个中因由早已湮灭在历史的风烟之中。

　　长河落日里，远在边塞的城墙上帅旗已易，滴血残阳仿佛昭示着这里曾经上演过一场杀戮，徒留下一段腥风血雨的记忆。

　　曾经效力宇文护麾下劫后余生的将士们仍然驻扎在鹳雀楼上，抵御着来自东边北齐的侵袭。他们的身影时隐时现在鹳雀楼的勾栏斗拱之间，时而极目远眺，时而引吭高歌。但他们却无法预知，置身所处的鹳雀楼日后会在烽火连天中涅槃重生，最后成为不朽的华夏文化历史名楼。

鹳雀楼

　　在唐宋文人雅士的抒怀咏叹之中，盛名
远播的鹳雀楼却最终迎来了走向消亡的命运。
　　它究竟是何时、何故消失的呢？
　　1272年，著名的文学家王恽曾写过一篇
《登鹳雀楼记》，文中描写的鹳雀楼只余残
垣断壁，但仍然可以看出鹳雀楼昔日的恢宏
气势。难道鹳雀楼早在元代之前的宋、金时
期就已经毁灭了吗？

蒲州古城

另据北宋沈括的《梦溪笔谈》对鹳雀楼的记载"河中府录事李逵书楼额"，意为曾经有个官员给鹳雀楼写过匾额，这点证明鹳雀楼在宋代尚完好存在。莫非鹳雀楼是在金朝被毁？

元代建立之前，成吉思汗铁木真率领蒙古军队进攻中原，金主完颜氏见蒲州城可以黄河为天然屏障，易守难攻，便迁都蒲州死守。

蒲州城位于山西南端黄河东岸，距古长安城150余千米。

蒙军攻打蒲州城的战争是中国古代战争史上非常典型的城池争夺战，攻城若干次，是一场持续八年之久的拉锯战。

为了争夺蒲州城这个军事要地，金蒙双方都损失惨重，蒲州城也在这次战争中遭到严重破坏。

唐朝时期的蒲州城是一座建筑星罗棋布、街道纵横、布局考究、规模宏伟的城市。金蒙之间的这次城池争夺战，金国守城不力，被迫将蒲州城分作两半。

1222 年，蒙古国和金国为了争夺蒲州城展开激战，战役从白天一直到深夜，守城的金兵里有一位叫侯小叔的将领，他担心蒲州城一旦失守，敌军会利用蒲津浮桥过河，然后占领有军事瞭望之用的鹳雀楼。

为了避免落入敌手，侯小叔忍痛将鹳雀楼付之一炬，史料记载"夜半攻城以登，焚楼、橹，火照城中"。

鹳雀楼

以上都是史学家的猜测，历史上究竟是何种原因让金将侯小叔将楼点燃，是为了照亮夜空便于进攻？还是他担心金国不保而又不想将鹳雀楼留给蒙古人？这一切都随着那把火成为永远的历史谜团。

蒲津浮桥画作

可以证实的是，1222 年的某一天，鹳雀楼在战火中灰飞烟灭，消失在滚滚的历史风烟中，同时被熊熊大火烧尽的还有鹳雀楼附近的蒲津浮桥。

鹳雀楼在历经 700 多年的辉煌后，最终还是没有逃过无情的战火。它的消失给后人留下了无尽的遗憾和喟叹。

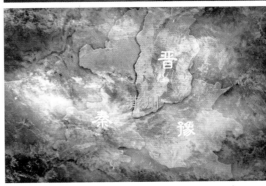

蒲州位置图

四大名楼有着相同的命运和遭遇。

黄鹤楼在历史上屡建屡废，最后一座"清楼"毁于光绪年间，1984 年得以重建。滕王阁历经兴废 28 次，到 1989 年重建。岳阳楼也曾几次毁于大火，清末重建。那么，鹳雀楼在历史上是否也被后人重建过？

鹳雀楼

移花接木，旧址难寻

危楼百尺俯沙湾，一片孤城夕照般。
铁牛偃卧空留迹，鹳雀高飞杳不还。

这是清朝诗人崔景涑在其《鹳雀楼晚眺》中描绘的鹳雀楼，只见鹳雀楼依然耸立在黄河之畔，唐时的大铁牛也依然安卧在河岸边。

除崔景涑外，还有很多其他的明清诗人也写过关于鹳雀楼的诗词。难道鹳雀楼在1222年被战火焚毁后曾被重建？

专家们在《蒲州府志》中找到了答案，"明初时，故址尚可按，后尽泯灭，或欲存其迹，以西城楼寄名曰鹳雀。"明初时鹳雀楼故址尚存，后因黄河水泛滥，河道频改，故址难再寻觅。正是因为王之涣、李益等诗人，把鹳雀楼写入了世人心中，后人无不读诗思楼，络绎不绝地来到西城楼，希冀踏着古人的足迹，登楼临风，寻得那一份千古之苍茫豪情。官府无奈之下移花接木，将蒲州古城西城楼更名为"鹳雀楼"，以满足天下文人登楼怀古的心愿。

从这里可以看出，明清时期诗作里描写的鹳雀楼，并不是真正的鹳雀楼，而是蒲州城西城门的城楼。

西城楼指的是蒲州古城西城门上的楼阁，按照常规城楼建造，平面为长方形，三层檐，高度在 20 米左右。城门最上面是歇山顶，最下面一层廊柱比较高，第二层廊柱次之，比第一层略低，这种结构称重檐歇山式楼阁，其高度和规模远远不能与鹳雀楼相提并论。

蒲州古城历经 1300 多年的风雨剥蚀，如今早已沦为一片废墟，现在我们看到的蒲州城墙的框架是明洪武四年（1371 年）重筑的。

现在遗存的仅剩东西南北四门和鼓楼以及一些裸露的土埂，原来的西城门仅剩瓮城，瓮城内杂草丛生，城门上面的西城楼早已荡然无存。

那么，曾经无比辉煌的鹳雀楼的故址现在何处？

今蒲州古城

大铁牛出土时拍摄的老照片

晚唐著名文人李翰所著《河中鹳雀楼集序》曾提到"宇文护镇河外之地，筑为层楼"，这里说古鹳雀楼建在河岸边，而《蒲州府志》中记载"（鹳雀楼）旧在郡城西南黄河中高阜处"，却说鹳雀楼在河中心的一个沙丘上。为什么史料记载不一样？专家猜测，这可能与黄河古道变迁有关系，例如唐代时记载鹳雀楼是在河岸边，经过几百年间黄河河道的多次变迁，后代人看到的鹳雀楼是在河洲渚上，所以史料中才会出现不同的记载。

明嘉靖年间的《重修黄河石堤记》记载，那一年黄河发大水，冲垮河堤，侵入蒲州城内，城外西南的鹳雀楼遗址，完全被洪水冲没，沉入了漫漫滩涂之中。这后来黄河水又屡次泛滥，河道忽东忽西。经历黄河水灾多年侵害，如今古蒲州城的北门、东门、西门以及鼓楼遗址都已被厚厚的黄沙掩埋，鹳雀楼的遗址也早已杳无踪迹、无处可寻了。

直到 1989 年蒲津渡口栓系浮桥的大铁牛的出土，意外为鹳雀楼遗址的探寻提供了新的依据。

重达几十吨的大铁牛，被泥沙深埋于 8 米左右的地下。那么，位于蒲州古城西南方位的鹳雀楼遗址是否也能被发现？鹳雀楼的地表建筑早被冲毁，但从普津渡遗址的地层关系来看，专家推测鹳雀楼的台基很可能也被泥沙掩埋在地下 8 米甚至更深的地方。

鹳雀楼在历史上应该没有被重建，除了黄河泛滥，地震频发也可能是原因之一。史书记载蒲州一带在历史上曾多次发生地震。明嘉靖三十四年腊月十二（1556 年 1 月 23 日），蒲州地大震。有声如雷，地裂成渠，城郭房舍尽倾，死伤人数难以数计。

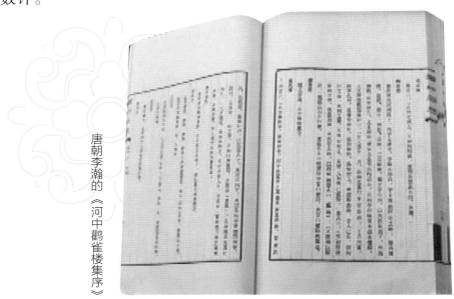

唐朝李瀚的《河中鹳雀楼集序》

鹳雀楼彩画（局部）

千年古楼重获新生

曾经身为四大名楼之一的鹳雀楼，在被焚毁700多年后终于获得重生的机会，1992年，中国百余名学者专家联名倡议重建鹳雀楼。1996年，在鹳雀楼复建方案论证会议上，专家们决定采用仿唐式建筑来恢复鹳雀楼。

鹳雀楼复建工程自1997年12月在黄河岸边破土动工，这是鹳雀楼自元初被毁700余年后的首次重建。史学、建筑、彩绘等诸多专业领域的专家学者，承载着恢复古鹳雀楼厚重记忆的重任，在人们的关注和期待中，历尽重重阻难，攻克技术难关，终于在2002年完成了这座宏伟壮观的千古名楼的复建工程。

鹳雀楼的复建工程，在结构形制上按照唐代风格进行，所以装饰绘画也应按唐代彩绘的艺术风格

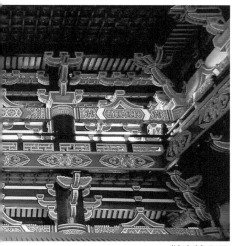

鹳雀楼彩画

进行恢复。鹳雀楼彩绘面积累计达 3 万多平方米，这是一项浩大的工程，遗憾的是我国目前唐代彩绘建筑几乎无存。

古建筑彩绘专家查询了大量文献资料，并实地考察了敦煌石窟中唐和五代的十几个窟，以及山西的唐代薛儆墓。结合掌握的现存资料，专家开始了对鹳雀楼彩绘工作的设计创作，并对唐代建筑绘画工艺进行了一定的探索。

在鹳雀楼的彩绘设计创作过程中，梁枋彩画参考了敦煌石窟中唐和五代时期的绘画风格，整个彩画色彩简单明快，轮廓线条清晰庄重；天花井彩画的绘制，吸收了陕西（唐）懿德太子墓天花彩画图案的特点，将连珠纹、如意纹、卷草纹变形莲瓣纹等诸多纹式紧密结合为一体，形成了绚丽的大型团花纹饰。

古建筑彩绘专家对这些象征着盛唐时期建筑彩绘风格的基础图案进行合理的视觉组合，并加以发挥。1000 多年前的中国古典建筑彩绘在现代专家的设计下，从纹理到色调整体还原了历史中原有的古朴、典雅、大度与华丽的艺术气质。

今天的鹳雀楼依然像千年前那样屹立于黄河之畔，后人们也依然能体会到"欲穷千里目，更上一层楼"的高远意境。但今楼非昔楼，如今的鹳雀楼却不曾聆听过"汉家箫鼓空流水，魏国山河半夕阳"里帝王行船的箫鼓和棹歌；也不曾感受过"事去千年犹恨速，愁来一日即为长"的怅惘；更不曾生发过"风烟并起思归望，远目非春亦自伤"的伤感。

历史无情，古鹳雀楼的行迹早已消逝在岁月的风烟之中，但楼以魂存，那些不朽的诗词歌赋却穿越了千年的历史长河，传诵于今天的千家万户，引发着一代又一代的人透过历史烟云，不断地去遐想、感受那些早已消失的历史画卷，因为这是人类共有的记忆。

黄河之畔的鹳雀楼

滕王阁

千秋名阁
滕王阁

滕王阁，位于江西省南昌市的赣江东岸，因唐代诗人王勃的《滕王阁序》而流芳后世。与湖北黄鹤楼、湖南岳阳楼被人们誉为"江南三大名楼"。

唐永徽四年（653年），滕王李元婴在洪都府，也就是今天的江西省南昌市建滕王阁。古滕王阁主体为木质结构，在1300多年的历史中，滕王阁创而重修，修而又毁，毁而重建，有确凿文字记录的就达28次之多，历时唐、宋、元、明、清五代。

如今，这座仿宋式的雄伟楼阁，作为南昌的城徽与地标，不仅给这座古城增色添辉，而且以其特有的东方魅力，吸引着无数纷至沓来的中外游人。

如今屹立赣江东岸的新滕王阁是第 29 次重建的成果。1942 年，中国"建筑五宗师"之一的梁思成先生受邀为滕王阁绘制重建草图，后来的建筑师在此基础上，仿照《营造法式》完成了最终版的设计图纸。1983 年 10 月 1 日重建工程举行奠基大典，1985 年的重阳节破土开工，并于 1989 年 10 月 8 日重阳节胜利落成。

新阁采用唐风宋韵的设计理念，主体为钢筋混凝土结构。主体建筑净高约 57.5 米，占地面积约 13000 平方米。阁的下部是象征古城墙的台座，约 12 米高，分为两级。台座以上为主阁，从外观看是三层带回廊的建筑，从内部看却设有七层，包括三个明层、三个暗层和屋顶中的一个设备层，这种建筑格式又被称为"明三暗七"。为了彰显滕王阁的宏伟壮阔，建筑师又在主阁南北分别增加了两个辅亭。

夕阳下的滕王阁

当少年才子邂逅无名之阁

663 年，在中国的历史长河中只是一个普通的数字，但对屹立江边的滕王阁来说，却是一个值得被永远铭记的历史时刻。

此时，唐王朝已建国 45 年，滕王阁已经建成了 10 年。10 年的风雨侵蚀，早已让这座木质结构的建筑变得残破不堪。

中国古代建筑讲究风水。古人认为，若想当地人杰地灵，必须用高建筑物来聚集天地之灵气，吸收日月之精华。所以，中国古代城市常常修建宝塔或者高阁，以象征吉祥。

也许，正是为了这种美好的愿景，663 年，洪都府都督阎公，决定出资翻修阁楼。与此同时，千里之外的山西，一个少年正在家中收拾行囊，准备动身前往海南，去探望他被贬谪到那里的父亲。

这年秋天，阁楼翻修完毕。阎公兴起，于九月初九重阳节，开宴遍请江右名儒，为阁楼作序。

此时，山西那个探望父亲的少年正行至此处。阎公好客，过往行人皆不问出处，一律邀请到府。少年应邀参加宴会，有些年少轻狂的他居然接受了为阁楼作序的任务。

阎府家仆研墨铺纸之时，谁也不会想到，即将诞生的这篇序，会让这个名不见经传的少年名满天下，也会让这座寂寂无闻的建筑名垂千古。

滕王阁彩画和挂饰

这位少年就是位居"初唐四杰"之首的王勃。

少年王勃意气风发，奋笔疾书，洋洋洒洒地写出了这篇《秋日登洪府滕王阁饯别序》，简称《滕王阁序》。就是这篇《滕王阁序》成全了王勃，也成全了千秋名楼——滕王阁。

披绣闼，俯雕甍，山原旷其盈视，川泽纡其骇瞩。

闾阎扑地，钟鸣鼎食之家；舸舰弥津，青雀黄龙之舳。

云销雨霁，彩彻区明。落霞与孤鹜齐飞，秋水共长天一色。

渔舟唱晚，响穷彭蠡之滨；雁阵惊寒，声断衡阳之浦。

一篇序让一座楼名垂千古，堪称奇迹。更令人惊奇的是，此序问世时，作者竟年仅 14 岁。或许出于嫉妒，或许出于对事实真相的探索，后世文人们多有质疑：当年王勃作序时，果真只有 14 岁吗？

鄱阳湖风光

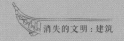

王勃浮雕像

在元朝以前，人们一直认为王勃登滕王阁作序时尚为少年。"初唐四杰"之一的杨炯，在王勃死后出了一本书集，在给这本书集做的序中曾提到，王勃14岁的时候满载着荣誉而归。

既然有同时代好友作证，为何后人还会质疑？因为有人发现，杨炯之说与史实不符。王勃生于约649年。673年，他的父亲被贬谪到海南，当时王勃24岁。两年后的675年，王勃前往海南探父。有学者认为，王勃是在此次探亲途中作了《滕王阁序》。

如果这一推测属实，王勃作序时年纪

就不是 14 岁，而是 26 岁。那么史书为什么对王勃探亲一事记载得如此准确？原因令人惋惜，因为正是在此次探亲途中，王勃不慎坠海，溺水身亡。也就是说，承千载盛誉的《滕王阁序》，很可能就是他的绝笔之作。

滕王阁

然而王勃在《滕王阁序》里用"童子何知""三尺微命"来描述自己，后又用"等终军之弱冠"自比，这又成为这篇佳作创作时间的一个争执点，这个问题还会继续争议下去，我们只能拭目以待。

不论真相如何，"序以阁名，阁以序传"已是不争的事实。就在 663 年，王勃与滕王阁在重阳节的相遇完成了千年前的双向成全。王勃因这座高阁名满天下，滕王阁凭借王勃这篇不足千字的序诗，得以与黄鹤楼、岳阳楼比肩，名垂千古。

滕王阁

乱石山冈起高阁

　　滕王阁与湖北黄鹤楼、湖南岳阳楼被后世并称为"江南三大名楼"，但是，这里有个奇怪的现象，为什么其他名楼都以"楼"为名，唯独滕王阁被称作"阁"？

　　唐代朝廷对房屋的建筑规格有着非常严格的等级限制。平地而起称作"楼"，楼是重屋，上下都可以住人。底部架空而建称作"阁"，由古代干栏式建筑演变而来。

　　阁在唐代是一种皇家专属规格的建筑形式，只有皇城（当时的洛阳和长安）或者孔庙才被允许使用阁这种建筑形式。地方政府或者普通百姓，只能建楼，不能建阁。

　　初唐时期，南昌是偏僻的蛮荒之地，是安置降级官员的地方。那么，一座高规格的滕王阁为什么会出现在这里？答案就隐藏在历史之中。

　　王勃作序时，正值洪都府都督阎公将阁楼翻修完工之际，显然在此之前，滕王阁已经建成。

　　唐朝建立的时间是 618 年，阎公翻修阁楼的时间是 663 年，中间相距 40 多年中，究竟是谁下令修建的这座皇家专属规制的阁楼呢？

　　专家学者经过查阅大量史书古籍，很快在众多历史人物中锁定了一位叫李元婴的人。李元婴曾经做过洪州都督，而且李姓在唐代只有皇亲国戚才能使用。

　　李元婴和滕王阁究竟有什么关系？专家们在史书上找到了证据。李元婴确实曾被封为"滕王"，时间是 639 年。显然，滕王阁正是因此人而得名。

　　滕王李元婴是唐高祖李渊最小的儿子（第 22 子），唐太宗李世民的弟弟。

气势恢宏的滕王阁

滕王阁建筑斗拱

　　历史上的李元婴是一个很有争议、很值得探讨的人物。

　　事实上，李元婴建滕王阁时，其父李渊、其兄李世民都已经去世。当时，是他的侄子李治继位。李元婴的身份由皇子变为皇叔，他主持修建的这栋建筑，自然有权称为"滕王阁"。

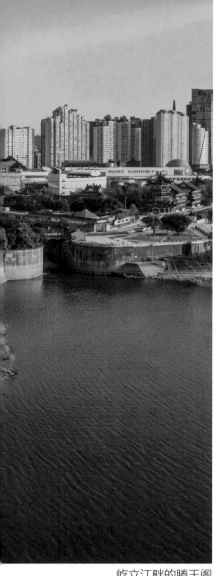

屹立江畔的滕王阁

然而，李元婴虽然贵为皇叔，却一生漂泊无定。他先是被贬到洪州任都督，后来又被贬到安徽滁州做刺史，转而授寿州刺史，后又千里迢迢到四川任隆州刺史。

一位皇叔，为何会屡屡遭贬？《旧唐书》记载，滕王李元婴行为放纵，政声狼藉，非议甚多。也许，这就是他屡屡被贬的原因。

《旧唐书》的记载应该属实。事实上，滕王阁得以修建，就缘于李元婴的纵情歌舞。

李元婴任洪州都督时，曾带着幕僚和歌舞伎，来到赣江边上的小山冈上，让歌舞伎们借着山川美景就地表演。但是，小山冈上到处乱石遍布、杂草丛生，并非一个演出歌舞的好地方，随行的一位幕僚建议，在临江的冈峦上修建一座楼阁，既可以欣赏山川美景，又可以进行歌舞表演。李元婴欣然同意。

不久，一座精美的皇家高阁便屹立在赣江旁的山冈上，这就是滕王阁。

　　中国古代建筑按照功能不同有很多分类，包括宫殿建筑、衙府建筑、宗教建筑、商业建筑以及民居建筑，而滕王阁是一种特殊的建筑，它不属于以上任一种类。滕王阁里面并不供奉佛祖菩萨，也不是衙门办公地点，更不是商业场所，它因歌舞宴会的需求而生，所谓歌舞兴阁，是专门从事文化活动的场所，属于一种文化建筑。

　　滕王阁自阎公出资翻修后，后世又多次重建。中唐时期的大文学家韩愈，曾写过一篇《新修滕王阁记》，此记作于 820 年。

赣江边的滕王阁

20多年后，韦悫又写了一篇《重建滕王阁记》，此记作于848年。由此可见，唐代滕王阁至少重建三次。

滕王阁在唐末毁于战火，北宋沿袭唐风进行了重建。北宋文人范致虚在《重建滕王阁记》中，说它"堂皇之峻，丹获之华，至者观骇"。这句话的意思是说，滕王阁堂皇壮美，游客到此，会被这种壮美所震惊。显然北宋不但沿袭了唐风，甚至可能扩大了滕王阁的规模。

南宋时期，随着国力的削弱，情况发生了改变。南宋诗人范成大记载说：余至南昌，登滕王阁，其故址甚侈，今但于城上作大堂耳。从这里可以看出，南宋时期，原先临江而建的滕王阁早已不复存在，它被改建到了南昌城的城楼上。

至元代，滕王阁则名存实亡，不但阁址发生了改变，规模也早已不是唐宋时期的模样。到了明代，滕王阁更是名实俱亡。

元代滕王阁毁坏后，被改成了专门用于迎拜朝廷颁发诏书的"迎恩馆"。

清代青花瓷

后来"迎恩馆"倾覆，人们再次重建，并将新建筑命名为"西江第一楼"。此时，虽然民间仍然将"西江第一楼"称作滕王阁，但此时的滕王阁，早已不是当年的滕王阁了。

明代大画家唐寅的作品《落霞孤鹜图》中，落霞与孤鹜齐飞的意境犹在，但建筑却早已物是人非。也许，唐寅作此画的初衷就是缅怀滕王阁那早已逝去的辉煌。

清代的滕王阁屡废屡兴

了 10 多次，但翻修的工程都非常草率。从清代保存下来的青花瓷器上，人们能看到当时滕王阁的风貌，纵使人们的想象力再丰富，也无法将眼前的滕王阁与王勃笔下的滕王阁相联系。

1926 年，滕王阁毁于战火之中，此后便销声匿迹了 60 余年。

清代青花瓷

绳金塔

诗文传阁开先河

滕王阁自唐初永徽年间建成，到公元 1926 年毁于北伐战争，历经五个封建王朝，近 1300 年。其间，滕王阁多次重修、重建，有确凿文字记录的就达 28 次之多，这在中国古代建筑中非常罕见。

为什么滕王阁会多次重修、重建？

首先，滕王阁地处江南，风大雨大，气候潮湿，木结构建筑很容易毁坏；其次，历代滕王阁都建于江边，江水很容易将建筑物的台基掏空，导致倾覆；而战火、人为等因素，也是滕王阁受损的缘由之一。

后人为何会无数次地修复滕王阁？

城市地标的身份是原因之一。南昌地处长江南岸、赣江下游，濒临鄱阳湖。自汉朝初年设立豫章郡南昌县以来，历经两千多年，一直是江西省的政治文化中心，也是人文荟萃之古城。故有学者认为南昌有滕王阁，乃一省之徽。

这种徽章般的标志感，就是重建滕王阁的动力。

南昌有句古谣：藤断葫芦剪，塔圯豫章残。

"藤"即"滕"字的谐音，指滕王阁"塔"指南昌另外一座古建筑绳金塔。"葫芦"指的是藏宝之物，"豫章"指南昌。这句古谣的意思是：如果滕王阁和绳金塔倒塌了，南昌城中的人才和宝藏都将流失，城市也将衰败。滕王阁在百姓心中举足轻重的地位由此可见一斑。

清代滕王阁老照片

载誉难弃是原因之二。自王勃的《滕王阁序》问世后，相继有王绪作《滕王阁赋》，王仲舒写《滕王阁记》，简称"三王"文章。"三王"文章在当时名噪天下。一百多年后，被后世尊为"唐宋八大家"之首的文学大家韩愈再作《新修滕王阁记》，开创了"诗文传阁"的先河。

此后，关于滕王阁的诗词歌赋便绵绵不绝。这种文化的传承，甚至比滕王阁的建筑本身更为连贯。

1000 多年的历史文化积淀，让滕王阁的重修、重建成为必然。其实，修建也与国力有着密切的联系。国兴则阁兴，国衰则阁废。清末的中国积贫积弱、战火连绵，彼时的滕王阁就像当时的江山一般，满目疮痍。

1909 年，清王朝对滕王阁进行了最后一次重建。这也是中国封建王朝对它的最后一次重建。遗憾的是，此阁建成十几年之后，就在北伐战争中被军阀付之一炬。此后滕王阁销声匿迹了 60 余年。

20 世纪 80 年代，中国迎来新的辉煌。重建滕王阁的计划再次启动。人们希望恢复滕王阁的盛世雄风，此时距离初唐建阁已过去 1300 多年，又该如何找回这座名楼唐朝盛世时的风采？

清代滕王阁老照片

　　清末民初，滕王阁毁于军阀之手后，古城百姓便有了重建的想法。然而，北伐战争后的南昌一直处在矛盾的漩涡之中。祸结兵连，民不聊生，重建滕王阁的想法只能束之高阁。

　　直到 60 多年后，也就是 1989 年，滕王阁才得以重建并再次矗立在赣江之滨。

　　眼前的滕王阁宏伟壮丽，就像王勃在《滕王阁序》中描写的那样：层峦耸翠，上出重霄，飞阁流丹，下临无地。可是，又有谁知道，这华丽身影的背后，是一条多么艰辛曲折的重建之路。

滕王阁远景

1949 年中华人民共和国成立后不久，在江西省及南昌市的省、市人民代表会议、政治协商会议上，有人提出了重建滕王阁的议案。但由于当时的中国百废待兴，国计民生尚待稳定，重建滕王阁显得有些不合时宜。

1957 年，江西省文物管理委员会再次着手筹备重建工作。他们向有关单位征集滕王阁的文献资料，并对建阁的地址进行了勘察和筛选。随后，他们提出了一份详尽的《重建滕王阁意见书》。

为确保重建工作顺利开展，专家们在意见书中对重建滕王阁的必要性进行了重点阐述——滕王阁不仅是中外驰名的文化古迹，更是江西南昌的城徽和地标。

1960 年，国家副主席董必武视察南昌，他对重建滕王阁一事非常关心。大家满心欢喜，认为这次滕王阁的重建之事必然水到渠成。然而世事难料，在随后近 20 年的时间里，由于国家在政治和经济上的困难，重建计划再次搁置。

1978 年，中国进入了改革开放和社会主义现代化建设新时期。随着国民经济的恢复，社会上要求重建滕王阁的呼声日渐高涨。1983 年，重建滕王阁被南昌市政府正式列入议事日程。同年 3 月，南昌市重建滕王阁筹备委员会正式成立。

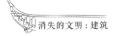
阅尽史料寻旧址

重建滕王阁的梦想终于成为现实。南昌城的百姓们，无不对此欢呼雀跃。然而，当欢庆的喜悦消退之后，人们遇到了滕王阁重建首先要面对的难题：滕王阁到底应该建在何处？作为千年古阁，只有建在旧址之上才能还原其本真，但是，滕王阁的旧址在哪里？

董老于1960年视察南昌时，也曾寻觅过滕王阁旧址。当时，他曾赋诗一首：豫章城郭迹无留，唯见西山水北流。滕阁尚存一片石，游人亦问百花洲。可见，当

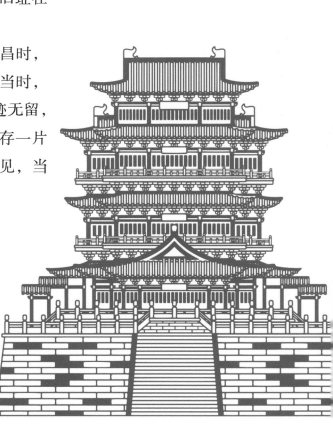

滕王阁剪纸

滕王阁斗拱结构

时的南昌古城已经遭到严重破坏，滕王阁旧址更是无迹可寻。

　　没有旧址，何来重建？这个问题让滕王阁重建工程的负责人头疼不已。冷静下来，他最终决定到史料中寻找线索。

　　翻阅史料虽然很枯燥，却似乎并不困难。但是滕王阁作为江南名楼，在历史上留下了太多记载，短时间内把大量历史资料看完也是一项相当艰巨的任务。然而，当滕王阁重建工程负责人夜以继日地翻阅完史书之后，另一个让人头疼的问题又出现了。

滕王阁

滕王阁 1300 多年的历史中，历经唐、宋、元、明、清五个朝代，每个朝代都曾数次重建滕王阁，导致滕王阁的阁址多次变迁，经专家考证，仅史书上明确记载的就有五处之多。那么，到底该将哪处旧址定为本次重建的位置？

答案似乎很简单，滕王阁为初唐时滕王所建，唐代旧址自然是最佳选择。滕王建阁时的图纸早已失传，王勃的《滕王阁序》则成为最早的记载。

王勃在序中是这样描述滕王阁位置的，"俨骖𬴂于上路，访风景于崇阿。临帝子之长洲，得仙人之旧馆"。这两句的意思是说，滕王阁建在一个临江的高岗上。至于这个高岗在哪里，序中却没有更具体的描述。后世的画家可以根据自己的想象画出自己心中的滕王阁，但建筑师们却不能根据自己的想象，确定出唐阁旧址的位置。

关于唐代滕王阁的旧址，史书中是否还有更详细的记载？唐人韦悫有一篇《重建滕王阁记》，是当时对滕王阁记述得比较全面的文章。作者在文章中写道"先是背郛郭不二百步，有巨阁称滕王者"。这段描述看起来更具体，说滕王阁坐落在一个距离城门两百步的临江之处。但实际上，这也只是一个模糊不清的信息。

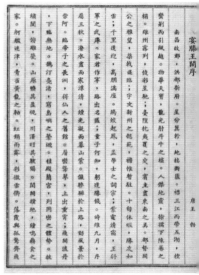

王勃的《滕王阁序》

从清代同治年间的《南昌府治图》上可以看出，整个南昌城临江的城门共有五处，分别是德胜门、章江门、广润门、惠民门、进贤门。

滕王阁到底距离哪个门两百步？作者文中并未提到。因城门不确定，阁址就不能确定。

寻找旧址受阻使负责滕王阁重建工程的工作人员压力倍增，但他们并没有轻言放弃。

在经过慎重思考之后，负责滕王阁重建工程的总建筑师将目光投向宋朝。因为有资料显示，北宋时期的滕王阁是在唐代旧址上重建的。只要找到北宋时期的旧址，就相当于找到了唐朝的旧址，进而也就确定了今天重建滕王阁的位置。

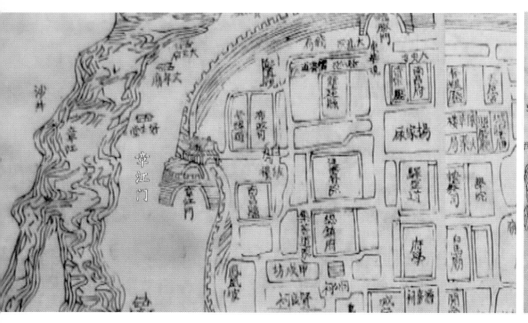

宋人范致虚的《重建滕王阁记》中说："滕王阁在郡城之西，滕王元婴所建也。阁距于城门西北一百八十步。"意为郡城之西有个城门，城门西北一百八十步处就是滕王阁。根据范致虚的描述，人们很快就在《南昌府治图》上，找到了郡城之西的城门——章江门。

章江门，南昌七大古城门之一。其遗址位于今天南昌章江路西端和榕门路的交会处。章江门的位置得以确定，滕王阁旧址也就确定了。

20 世纪 80 年代，工人们在挖掘下水道的过程中，曾在章江门附近发现了清代滕王阁的旧址。由此可以推断，唐代滕王阁旧址确实就在这附近。

综合各种信息后，专家们将重建滕王阁的阁址选在了赣江与抚河故道交汇处的新洲尾。

选址工作已尘埃落定，建筑师们迅速进入设计建筑草图的阶段。但是，他们没有想到，更大的困难会在这里不期而至。

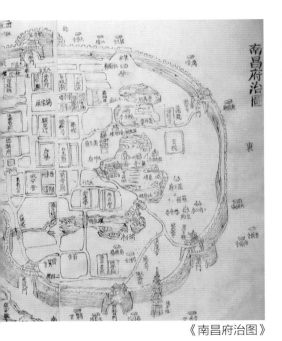

《南昌府治图》

通常，建筑师们是根据建筑物的功用和美学需求来进行设计，但滕王阁的重建却不能随性而为。

既然是重建滕王阁，就必须根据滕王阁的原样进行复原性设计，但是唐代的滕王阁原貌究竟怎样，史书上并没有详细的记载。

李元婴时期的滕王阁图像早已失传，中国唐代的建筑也几乎没有遗存。换言之，根本没有人知道唐代滕王阁的模样。王勃说它"层峦耸翠，上出重霄，飞阁流丹，下临无地"，这些只可意会，要想单纯根据

元代滕王阁图

寥寥数语，将建筑外形和内部结构都准确地描绘出来，几乎不可能。

古代画作中的滕王阁也各不相同，但共同点是建筑物都雄伟高耸。

唐、宋、元、明、清五个朝代，分别呈现出五种不同风格、不同规模的滕王阁。那么，本次重建应该以哪个朝代为标准？专家们的意见多集中于唐、宋之间，因为此时的滕王阁最为恢宏华丽，而且滕王阁始建于唐，自然要依唐风重建。当然，有专家对此并不认同。

宋代滕王阁图

明代滕王阁图

梁思成

古阁新颜终再现

梁思成，梁启超长子，中国著名建筑史学家、建筑师、城市规划师和教育家。中国"建筑五宗师"之一。

1942年，梁思成和他的助手莫宗江到南方考察古建筑。时任江西省建设厅厅长的杨绰庵有意重建滕王阁，便通过严复的关系，几经周折终于找到梁思成。杨厅长一番恳切陈述，阐明来意后，便请梁思成帮忙绘制《重建南昌滕王阁计划草图》。

梁思成一生致力保护中国古代建筑和文化遗产，对此事自然欣然受命。随后，他迅速投入绘制草图的工作中。

绘图前，梁思成查阅了大量史料文献，反复思考斟酌，最终确定了采用宋代式样并参以唐代式样进行设计的理念。

这一独特创新的设计理念能够成形，归根结底得益于郭忠恕的那幅宋版《滕王阁图》。梁思成仔细研究过这幅图，从中找到灵感，进而让他的设计工作得以顺利进行。

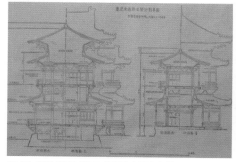
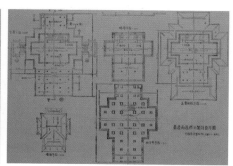

梁思成绘制的滕王阁重建设计草图

经过夜以继日的伏案研究，梁思成同他的弟子莫宗江绘制了八幅设计草图，其中有一幅细节极为形象的彩色渲染图，另外七幅则是平面图和剖面图。遗憾的是，当时中国正值抗日战争时期，战事正烈，杨绰庵先生建阁的宏愿化作泡影，梁先生的大作也被闲置，难见天日。

晚清绘有滕王阁的瓷壶

1983 年，庐山"重建滕王阁座谈会"召开的时候，梁先生已经去世 10 年。但他的弟子莫宗江教授，参加了此次会议。莫先生在会上，不但转达了梁思成先生的构思，还将梁先生当年设计的草图提供了出来。

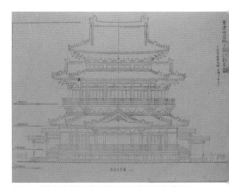

梁思成绘制的滕王阁重建设计草图

唐宋风格糅合交融的设计方式，立刻让争执不休的两派眼前一亮。这种博采众家之长的设计思路，让"唐风宋韵"的风格很快得到确立。

明清时期，为体现建筑物的尊贵，大多采用金黄色的琉璃瓦。但其实唐宋时期是以绿瓦为尊贵，金黄色的琉璃瓦是后世发展出来的。绿瓦红柱是唐风宋韵的最好体现。

在梁先生设计的草图的基础之上，建筑师开始进行新设计，图纸很快就出来了。

滕王阁

　　设计图纸完成不久，滕王阁的重建工作就进入建筑实施阶段。建筑师们很快就发现了新的问题：梁先生早期设计的滕王阁是两层楼，共25米高，但现在的赣江之滨高楼林立，这样的滕王阁显然无法和周边环境相融合。

　　建筑师们又去了湖北，同黄鹤楼的研究人员及武汉市分管建设的市长进行了沟通。最后，建筑师们综合听取了各方意见，将图纸中原来的两层改为三层，高度增加至57.5米，并在主阁南北，增加了两个辅亭，通过回廊与主阁相连。改动后的滕王阁，更显宏伟壮阔。

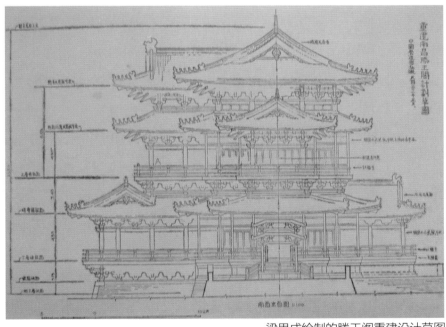

梁思成绘制的滕王阁重建设计草图

滕王阁斗拱

古滕王阁为木质结构，新滕王阁将由钢筋混凝土建造，因而如何用钢筋水泥营造出木制的效果，成为工程人员下一个需要攻克的难关。

比如斗拱，表面看似寻常，其实包含了先人无限的智慧。它是中国古代建筑中非常重要的部分，在宋代以前，它起到的是支撑的作用，直到清代以后才逐渐转为美化作用。

《营造法式》中对抖拱的结构造型提供了细节资料。建筑师在新阁建造过程中，先将《营造法式》中提供的斗拱图形放大做成模子，再用钢水倒出斗拱的形状；然后按照木结构的分布进行排列，通过钢板焊接将它们紧密无缝地连接在一起；最后涂上漆，再绘上花纹。一个钢筋水泥做成的斗拱，就这样化身为一个木质结构的斗拱。

一个小小的斗拱就能让建筑设计师费尽心思，滕王阁这座如此宏伟的建筑，又要花费他们多少心血？这恐怕是永远也无法估量的。

滕王阁斗拱

当年参与滕王阁重建的建筑师们正值壮年，如今已是花甲老人。他们用逝去的青春换来的是一座崭新而又古老的滕王阁。新滕王阁建成后，建筑领域的专家对它进行了全方位的系统研究，评价它的高建筑规格在中华人民共和国建立以后的仿古建筑中屈指可数，是工艺考究、原汁原味、正宗地道的仿宋式建筑。

1989 年，经过 60 多年的等待，经过无数人的努力，滕王阁终于再次矗立在赣江之滨。1300多年以前，一段文字记录下一座建筑；1300 多年以后，一座建筑还原出一段文字。文学与建筑之美，跨越了 1300 多年的时空，尽纳于滕王阁之中。

豫章故郡，洪都新府。星分翼轸，地接衡庐。
襟三江而带五湖，控蛮荆而引瓯越。
物华天宝，龙光射牛斗之墟。
人杰地灵，徐孺下陈蕃之榻……

滕王阁的是是非非，已化为历史的尘埃，如果不是滕王阁的存在，也许后人早已不知王勃是谁。但是，如果不是王勃和《滕王阁序》的存在，也许后人也早已不知道滕王阁了。

滕王阁夜景

千古忧乐
岳阳楼

　　岳阳楼耸立于湖南省岳阳市西门城头，自古有"洞庭天下水，岳阳天下楼"的美誉。从明代开始，岳阳楼与江西南昌的滕王阁、湖北武汉的黄鹤楼从众多的楼台亭阁中脱颖而出，并称为"江南三大名楼"。

　　岳阳楼的主体为长方形，主楼三层，高约19米，纯木结构，重檐盔顶。全楼整体为榫卯结构，不用一钉，楼顶覆盖黄色琉璃瓦，气势宏伟，蔚为壮观。岳阳楼作为三大名楼中唯

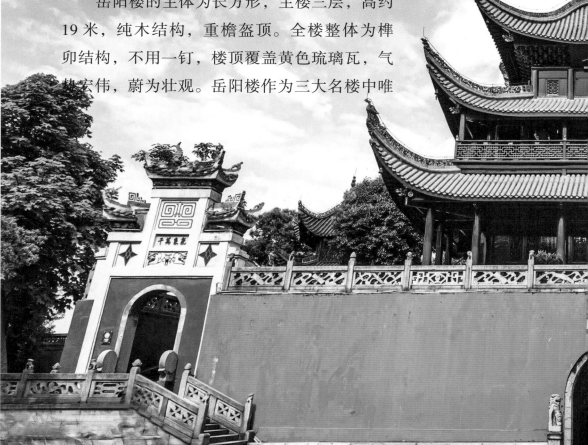

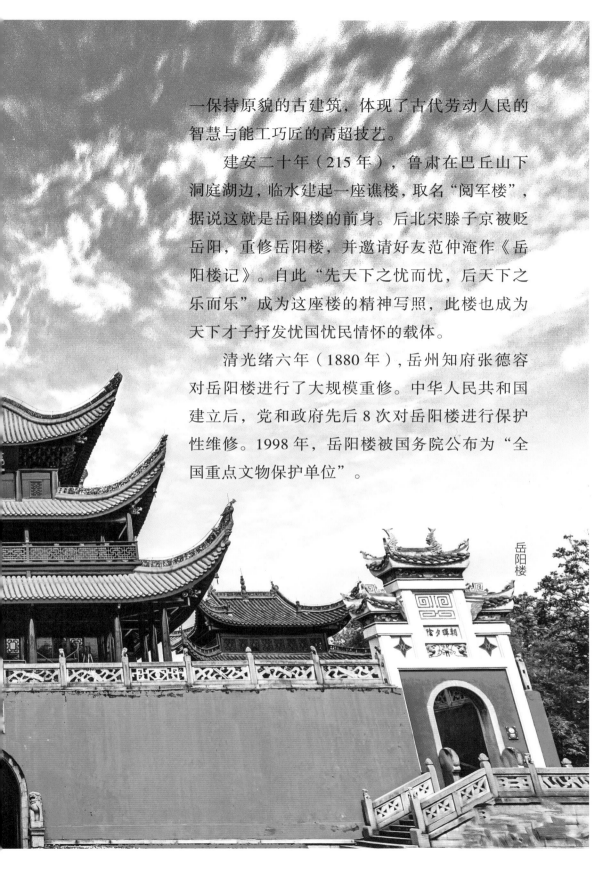

一保持原貌的古建筑，体现了古代劳动人民的智慧与能工巧匠的高超技艺。

建安二十年（215年），鲁肃在巴丘山下洞庭湖边，临水建起一座谯楼，取名"阅军楼"，据说这就是岳阳楼的前身。后北宋滕子京被贬岳阳，重修岳阳楼，并邀请好友范仲淹作《岳阳楼记》。自此"先天下之忧而忧，后天下之乐而乐"成为这座楼的精神写照，此楼也成为天下才子抒发忧国忧民情怀的载体。

清光绪六年（1880年），岳州知府张德容对岳阳楼进行了大规模重修。中华人民共和国建立后，党和政府先后8次对岳阳楼进行保护性维修。1998年，岳阳楼被国务院公布为"全国重点文物保护单位"。

岳阳楼

鲁子敬训兵建谯楼

八百里洞庭，湖光山色。

在江南三大名楼中，如果黄鹤楼是平民百姓追求美好生活的象征，滕王阁则是风流才子寄情山水之所，而岳阳楼，却成为天下知识分子抒发忧国忧民情怀的载体。

原本都是山水之间的胜景，却在历史的

舞台上演绎出完全不同的人文内涵。是谁赋予了岳阳楼胸怀天下的文化重任？在近千年的历史长河中，岳阳楼经历了什么样的沧桑与传奇？这座中国现存古建筑中独一无二的盔顶建筑又暗含着什么样的缘起呢？让我们一起揭开历史的谜团。

洞庭湖边的岳阳楼

据说，岳阳楼独特的盔顶是为了纪念历史上一位赫赫有名的人物。

距今 1700 多年前，洞庭湖畔曾经登临过一位胸怀天下百万兵的人物，他就是三国时期东吴的水军都督鲁肃。

210 年，刚刚接替周瑜职务来到巴陵（岳阳的古称）的鲁肃忧心忡忡，因为他面对的敌人是大名鼎鼎的关羽。此时，关羽正率军三万兵临城下。同年，刘备对荆州的有借无还激怒了孙权，双方剑拔弩张，一触即发。而曹操也随时可能再次南下卷土重来，局势可谓危机四伏，战争使巴陵卷入斗争的漩涡。

巴陵位于长江中游交通要地，自古就是一个兵家必争

之地。周瑜在任时，巴陵只是一座储备军粮的邸阁。鲁肃上任后，做了一件周瑜不曾做过的事——修筑巴丘城。

鲁肃在巴丘山下选择宽阔的洞庭湖水面作为训练水兵的基地，同时临水建起一座谯楼，便于指挥和检阅水军，名为"阅军楼"，据说这就是岳阳楼的前身。

据《三国志》记载，孙权于"夏四月大赦，诏诸郡县治城郭，起谯楼，穿堑发渠，以备盗贼"。当时，三国鼎立，天下大乱，孙权颁诏令各地修建谯楼。"世之筑城，必建谯楼。此乃汉之遗风"，古谯楼通常为三层，有瞭望和报警的功能。阅军楼临岸而立，登临可观望洞庭全景，湖中一帆一波皆可尽收眼底，气势非同凡响。

洞庭湖风光

巴陵是东吴长江防线屯兵囤粮的战略要地，吴、蜀之间的争斗必然影响刚刚建立起来的三国鼎立格局。这种平衡和互相牵制一旦打破，东吴将面临致命威胁。

两军之间不断的摩擦纷争，使得鲁肃陷入了两难境地。如果说，他为5年前的赤壁之战点了一把大火，那么眼下他却想熄灭一场战火。这场仗如果打，难免殃及城中百姓；不打，则无法化解两军对垒的利益之争。矛盾之中，鲁肃走了一着险棋——和关羽谈判。

巴陵作为东吴的南大门，地理位置易守难攻，北面又有曹军，关羽权衡之后与鲁肃划湘江为界，互不侵犯。鲁肃凭借这次谈判避免了一场战争，实质上也体现了他忧国忧民的情怀。

阅军楼建成两年后，鲁肃病故。这一年，曹操大败孙权，刘备则与曹操决战汉中。赤壁之战建立起来的三国鼎立局面被彻底打破。

湘江

今天的鲁肃墓，就建在离岳阳楼300米远的地方。在三国众多的风云英雄中，鲁肃并不是最为璀璨的，但却堪称富有儒家治世精神的优秀代表，后世也一直将他作为与诸葛亮齐名的贤臣楷模来敬仰。

鲁肃所建的阅军楼，虽为岳阳楼的前身，但更多承载的是封建士大夫期冀建功立业、忠君报国的理想范本，并不具备忧乐天下和物我两忘的文化厚重。

鲁肃之后来到岳阳楼的人，不再是位高权重、指点江山的英雄，而是一群身份特殊的人物。

鲁肃雕像

谁给岳阳楼注入"生命和精神"

500 年后，一位贬官正风尘仆仆地赶往岳州赴任。这位被贬的官员，就是唐代的中书令张说。史料中并没有明确记载张说在岳州期间有何显著政绩，也不敢肯定他是否重修过岳阳楼，然而他的名字却载入了岳阳楼的史册。那么，他的出现对于岳阳楼来说意味着什么呢？

张说被贬为岳州刺史，遭贬谪的心情总是愤愤不平的。

洞庭湖边的岳阳楼

对于这位在武则天时代策论天下第一，被称为"燕许大手笔"的才子，其政治抱负和军事才华不在文才之下。

和迁客骚人登楼赋诗，成为张说排遣郁闷的一种生活方式。他在《与赵冬曦尹懋子均登南楼》的诗中写道："危楼泻洞湖，积水照城隅。命驾邀渔父，通家引凤雏。"这首五言律诗写出了洞庭湖和岳阳楼的瑰丽景色，从诗中也可看出此时的岳阳楼早已丧失军事功能，逐渐变为观赏楼。

岳阳楼外檐斗口装饰

　　唐代时，巴陵城改为岳阳城，阅军楼也随着张说的诗歌而被广泛称为岳阳楼。文坛大手笔的风雅无意中成就了岳阳楼的美名。

　　唐代岳阳楼气魄宏伟，严整开朗。它反映了唐代建筑艺术加工和结构的统一，色调简洁明快，门窗朴实无华，给人庄重大方的印象，与宋、元、明、清时期的建筑特色明显不同。

　　作为儒生，也许张说信守的是封建士大夫"达则兼济天下，穷则独善其身"的人生信条。

　　独善其身，固然不失为君子之风，只是张说之于岳阳楼，始终停留在吟咏山水的层面，没能得到蜕变和升华。众多像张说这样寄情山水的贬官，形成了中国文化中一个奇特的现象，这就是贬官文化。而令人不解的是，历史上岳阳的贬官似乎格外多。

夜幕下的岳阳楼

在古代，中国的文人墨客总是脱不了与政治的干系。

寒窗苦读数十年，呕心沥血破万卷，为的就是在科举考试中夺取功名，效力朝廷。从这条入世之道可以看出儒家"君君、臣臣、父父、子子"的等级思想，在中国文人心中早已根深蒂固。在频繁残酷的政治斗争中，在君主皇权掌握生杀予夺的封建社会，重则杀、轻则贬。于是，在历史的长河中，一支浩浩荡荡的队伍诞生了。

古代对官吏的流放和发配，都是发往南蛮之地，尤其湖南一带人口稀少，属于距离京城较远的偏远地区。而岳阳是南行水路的咽喉要道，所以被贬的迁客骚人多会于此。

众多的高级知识分子从庙堂之高跌落到江湖之远，满腔愁绪无与言说，报国之志无从实现，于是他们寄情山水，托物言志，并由此形成一种独特的文化现象。

战国时期的楚国诗人屈原，被楚怀王流放到岳阳洞庭湖区域的汨罗江，纵使被贬流放，屈原始终保有忠君爱国的思想，所以他在此地留下了《楚歌》《楚辞》等忧国忧民的爱国诗篇。一百年后，贾谊同样被发配到南方，他专程到屈子祠、汨罗江去悼念屈原，并写下了《屈原赋》。司马迁写《史记》的时候，也曾专程到汨罗江实地考察，并在《史记》中留下了"中华诗祖"的足迹。

汨罗江边的屈原

贬官与岳阳楼

屈原似乎为贬官文化奠定了忧国忧君的基调，翻看贬官们留下的不朽诗文，我们不难发现，宋代的贬官空前地多，贬官文化也因此在宋代达到鼎盛。

宋朝是一个以"尊儒隆文"著称的朝代，可以说在历代封建王朝中，知识分子地位最高的就是宋代。宋代皇帝对于文臣似乎格外开恩，只贬不杀，而这一奇特历史现象的缘由，要从宋朝的建立说起。

后周大将赵匡胤手握军权，兵变称帝，史称宋太祖。他登基以后，对兵权掌控非常重视，巧妙地利用"杯酒释兵权""削弱相权""罢黜支郡"等措施加强了中央集权。他命各个地方均由文官执政，即主将为文，副将为武。他利用文官来控制武官，进行了一系列的政治、经济、军事改革，旨在维护自己的统治，避免再有兵变事件威胁政权。

赵匡胤陵墓前的石像生

据传，赵匡胤还给他
的后代子孙留下了一个所谓
的誓约——不得诛杀文人。
宋太祖的子孙基本都遵守祖
训，因而宋朝文人的地位得
以逐渐提高，跟唐末的武人
统治出现较大的差别。

宋代皇帝多爱舞文弄
墨，也强调士大夫与君主共
治天下，看似有一种人文和
民主精神，实际上皇帝的尊
严和权贵的利益从来都是不

能随便触碰和侵犯的。宋太祖遗训不能诛杀，不等于不能惩罚，于是一大批不识时务的文人被淘汰出庙堂。

流放的官员中，就有大名鼎鼎的柳宗元和苏轼。805年，柳宗元被贬至永州任司马，心情极为抑郁。但这份灾难也使他宁静，使他有足够的时间在大自然的山水中与自我对话。

全国重点文物保护单位

柳子庙

中华人民共和国国务院

永州柳子庙

柳宗元雕像

十年之后，柳宗元被贬到比永州更远的柳州。这年他已是 43 岁，他料到朝廷也许再也不会召他回朝。这一次的打击使柳宗元在绝望之余，也安下心来，不再怨愤不满，不再回望长安。他索性利用地方官职卑微的权利，为百姓挖井、办学，做了许多实事。

至此，贬官的心胸中有了豁达与宽容。除了"忠君"，他们在与底层百姓的近距离接触中，兼具有了"民本"思想。

柳州有幸等来柳宗元，海南有幸等来苏轼。岳阳楼也在等，等这样一个人，赋予它灵魂。

　　政通人和，百废俱兴。流传千年的《岳阳楼记》为我们树立了一位清廉能干的执政者形象，他的名字叫滕子京。然而，在历史上，滕子京却曾两次被人以贪污罪告发。

　　1044年的春天，滕子京第三次踏上了贬谪之路。这一次，他的方向是岳州的巴陵郡，正是岳阳楼的所在地。

两年来，连续三次遭贬，所贬之地一次比一次荒凉，53岁的滕子京，心境也一次比一次低落。

自幼刻苦研读、博学多才的滕子京，曾与范仲淹是同榜进士。在范仲淹的举荐下，雄才大略的滕子京登上了政治舞台，政绩卓著。而在边陲重镇泾州任知州期间，由于他与朝中大臣政见不合，时任御史中丞王拱辰上奏"盗用公使钱，止削一官，所坐太轻"，状告滕子京贪污公款，目的就是把他赶出泾州，以此达到他们的政治目的。

北宋时期的巴陵，虽不是蛮荒之地，却也治安混乱、经济凋敝。此时的岳阳楼，在经历了唐末五代战乱和966年岳州火灾之后，年久失修，已经破损不堪。仕途失意的滕子京登楼时，触景生情，万千感慨在所难免。

退居江湖之远的滕子京，并没有一味沉浸在自己愤愤不平、感物伤怀的情绪当中。作为一个正直有为的文官，滕子京在巴陵很快进入了角色。他推广教育，兴修水利，一年多的时间便使巴陵政通人和、百废俱兴。

范仲淹和滕子京铜像

治安稳定、生产发展之后，滕子京开始着手修建岳阳楼。为官的职责、文人的情怀、历史的际遇，使滕子京这位历史上并不知名的人物，逐渐与岳阳楼缔结永恒的情缘并流传后世。

然而，此时滕子京到任刚刚一年有余，虽然巴陵已经出现兴旺迹象，但财库尚无盈余，修楼在当时可是一项不小的开支。大修名楼，所需费用从何而来？

与之同时代的历史学家司马光在《涑水纪闻》中曾记载"滕宗谅知岳州，修岳阳楼，不用省库银，不敛于民，但榜于民间有宿债不肯偿者，献以助官，官为督之。民负债者争献之，所得近万缗。"由此可知，滕子京在岳州任知府期间，修岳阳楼，没有动用国家财政的银子，更没有搜括民财，而是利用民间宿债。

宿债多指百姓之间欠下多年的债务，债主把这笔债务捐给州府，州府派人员去追讨，然后用追讨回来的钱翻修岳阳楼。

滕子京的有识之举，得到了巴陵老百姓的拥护和支持，他用这种特殊的筹款方法解决了重修岳阳楼的经费困难，也显示了他做事的气魄和能力。然而，这件事也为他日后埋下了祸根。

岳阳楼竣工之时，滕子京悲喜交加，痛饮一场后，凭栏大哭数十声。

洞庭湖风光

都吴绝

范仲淹与岳阳楼

宋代岳阳楼的规模明显小于唐朝，但建筑技巧和艺术更加细致娴熟。它整体突显清雅柔美之风采，体现了宋代文官政治轻盈文弱的痕迹。

看着瑰丽雄伟的新楼，滕子京开始细细思量，这终究只是一个木头搭成的楼台而已，怎样才能赋予它永恒的生命和精神，使之经得起岁月的磨砺、历史的考评与延续？

滕子京深知，"楼观非有文字称记者不为久，文字非出于雄才巨卿者不成著"。想为新楼注入生命和精神，名文与名人，缺一不可。他想到了一个人，为岳阳楼作记，非他莫属。这个人就是曾举荐自己入朝为官、与自己政治理念志同道合的范仲淹。

而此时，范仲淹正被贬往河南邓州。他的出现，将为岳阳楼带来什么样的奇迹，滕子京的政治生命又将因岳阳楼的修建发生什么样的变故？

宋代建筑南京赏心亭

　　庆历六年（1046 年）冬天，年近 58 岁的
范仲淹因推行新政遭反对派攻击，被贬职到河
南邓州做知州。就在这一年，在邓州刚刚兴
办了花洲书院广推教育的范仲淹，接到昔日好
友滕子京自湖南岳阳寄来的书信和画轴，画

岳阳楼

上绘的是洞庭湖边刚刚修好的楼阁——岳阳楼，要他为此楼作记。

看到老友的来信，范仲淹心绪久久不能平静。同榜录取进士，同样满怀报国之志，同样入朝为官，如今又同是天涯沦落人。而让范仲淹尤为感慨的，是滕子京谪守巴陵期间的显著政绩以及重修名楼背后的壮怀心志。

滕子京在信中写道，无文字称记……曾不若人具肢体，而精神未见也。

那么，岳阳楼的精神到底是什么？范仲淹陷入了深深的思索。

此时的范仲淹虽已远离朝堂，处江湖之远，但他的内心却依然忧国忧民。这座远隔千里的岳阳楼便成为一种寄托，感慨万千之余，他开始奋笔疾书，一篇充满忧国忧民爱国情怀的伟大诗篇诞生了。"先天下之忧而忧，后天下之乐而乐"，从此，范仲淹这个名字注定将与岳阳楼千古相连，不可分割。

范仲淹雕像

范仲淹

989－1052

年轻的范仲淹，和当时所有的科举学子一样，志在金榜题名，登上庙堂。27 岁那年，他和滕子京等人一起考中了进士，从此步入官场走上仕途。

1026 年，由于母亲病故，范仲淹离开朝廷回到宁陵（今河南商丘下辖县）丁忧。"丁忧守制"是古代官员父母去世后须守丧三年的传统道德礼仪制度。丁忧期间，范仲淹做出了一件违背祖制宗法的事，而这件事，也成为他思想发展轨迹的转折点。

按照古代礼制，官员如有父母去世，必须停职守制。丁忧期间，丁忧之人不准为官，如无特殊原因，国家也不可以强招丁忧之人为官。但范仲淹在丁忧期间，因了解到民间百姓疾苦以及很多吏制上的不合理政策，于是向皇帝写下了《万言书》。此时他对社稷的忧患、对百姓疾苦的关怀，已超越了礼法制度。

丁忧结束后，经过晏殊的推荐，范仲淹升为秘阁校理，实际上属于皇上的文学侍从。自此，范仲淹不但可以经常见到皇帝，而且能够耳闻不少朝廷机密。对一般宋代官僚来说，这是难得的腾达捷径。

然而，正应了那句古语"伴君如伴虎"，本性忠君爱国的范仲淹时常对皇上直言劝谏、针砭时弊，范仲淹的仕途出现了危机。

明道二年（1033 年），郭皇后误伤仁宗，时任宰相吕夷简因与皇后素有嫌隙，遂协同众臣借此大做文章，力主废后。对于是否废后一事，群臣议论纷纷，多数认为废后不合适，范仲淹也向皇帝进言反对废后，因言而被贬。

险恶的政治斗争中，范仲淹屡屡遭贬，几起几落。在范仲淹50岁前后，又一桩重大事件震动了全国，也改变了他的命运。

原居住在甘州和凉州（今甘肃张掖、武威）一带的党项族人，本来臣属于宋朝。从1038年起，党项族首领元昊，突然另建西夏国，自称皇帝，并调集十万军马，侵袭宋朝边疆。面对西夏的突然挑衅，宋王朝措手不及，紧急调范仲淹作副帅赶赴边疆。

仕途上的艰辛蹉跎使得范仲淹早已霜染鬓发，但是忠心报国的热忱却不减当年。只是，这位白发文官，在国家危难之际，是否真的能担负起保家卫国的边防重任？

1042年3月，范仲淹率兵偷袭西夏军，夺回了庆州（今甘肃省庆阳市和宁夏回族自治区南部一带）西北的马铺寨。

　　随后，范仲淹又引军出发，深入西夏军防地，动工修筑大顺城。大顺城建在宋朝边境，对于宋朝守护边疆和抵御西夏进攻，起到了重要作用。

　　边境筑城使得大宋军队有了牢固的根据地。在范仲淹的苦心经营下，边境防务大为改观。宋、夏重新恢复和平，西北局势得以转危为安。古代士大夫一向以"文官死谏，武官死战"作为臣子的最高境界，范仲淹则以切身行动将二者集于一身，做到极致。

　　1043年4月，宋仁宗将正在西线边防与西夏叛军作战的范仲淹调回东京（今河南开封），将这位白发将军升任为副宰相，参与主持朝政。

　　为了防范藩镇割据的局面，宋初制定了很多措施来加强中央集权，削弱地方势力。很多措施在当时来看是很有成效的，但是随着时间的推移，它的弊病也逐渐凸显出来。比如，宋朝初年朝廷官员仅

东京城（复原图）

有200多人，后有大量官员入仕，20年后达到400多人，几十年后官员队伍甚至突破了万人大关。

由于朝廷官吏数量激增，而实际职务和工作内容却很有限，导致很多官吏成了虚职。《宋史·职官志》中有"居其官，不知其职者，十常八九"，意思是说，身居官位却整日无所事事的人比例高达80%~90%之多。"吃空饷"的官员数量过多，造成了"吏政之患"，这正是长期推行诸项加强中央集权措施带来的弊病。

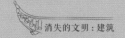

北宋古钱币

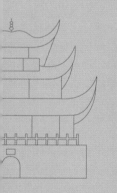

　　北宋的官僚机构越来越臃肿，百姓负担十分沉重，国家财政却入不敷出，内忧外患不时爆发。急待稳定政局的仁宗皇帝，似乎显得格外开朗和进步。他三番五次召见范仲淹、滕子京等人，督促他们立即拿出改革方案。这让范仲淹跃跃欲试，因为早在青年时代，他就萌生了辅佐君主治理天下的理想。

　　1043年，范仲淹升任宰相。而回到朝廷的范仲淹却发现，他面对的大宋表面看似繁荣，内里实则危机四伏。

　　面对仁宗皇帝急切的求治之心，范仲淹认真总结从政28年来酝酿已久的改革思想，很快呈上了十项改革主张。在宋仁宗的大力支持下，范仲淹开始了宋朝历史上第一次规模较大的改革运动，即庆历新政。

庆历新政涉及范围较广，政治、军事、教育、文化等各个领域均有涉及。庆历新政颁布的新条令针对性也非常强，比如针对宋朝官员数量和官员素质提出的新政改革。

改革的广度和深度，往往和它遭到的反对成正比。当时社会发展尚未达到足以支持这项改革成功的程度，大批守旧派的官僚们，开始反戈一击。

1044 年仲夏，反对派们假造了一起谋逆大案，矛头直指范仲淹。范仲淹改革的诚意，被怀疑为扩大权力的手段。次年初，新政被废，范仲淹被革职。在达官贵人依旧喧天的歌舞声中，范仲淹黯然离开京师。

其实，宋神宗时期的王安石变法，基本就是沿着范仲淹的思路在走。范仲淹当时推行的很多改革措施，尤其是很多方向性的政策都被后来的统治者继续推进。所以，表面上看庆历新政是失败了，但实际上这次改革是成功的。

岳阳楼外檐斗口装饰

岳阳楼

《岳阳楼记》碑刻

在远离京城的僻静角落，范仲淹感慨万千。面对力不从心、左右彷徨的君主和矛盾重重的朝廷，他开始思索，重新认识为官与为文的真谛。

如果说范仲淹年轻时的志向更多是忠君报国、建功立业，那么在历经宦海沉浮之后，他心中想的不仅是君主的天下，还有黎民和苍生。

为了激励遭到贬黜的朋友们，也为了抒发自己心中的忧乐情怀，范仲淹在邓州挥毫撰写了流芳千古的《岳阳楼记》。

> 予尝求古仁人之心，或异二者之为，何哉？不以物喜，
> 不以己悲，居庙堂之高则忧其民，处江湖之远则忧其君。
> 是进亦忧，退亦忧。然则何时而乐耶？其必曰"先天下
> 之忧而忧，后天下之乐而乐"乎！噫！微斯人，吾谁与归？

范仲淹在《岳阳楼记》中将儒家优乐天下的思想提升到一个新的高度，赋予其新的灵魂。千年后的今天，这篇佳作仍被选入中学、大学课本，对中国知识分子的品德塑造，产生了极其深远的影响。

　　然而，此后不久，为范仲淹和滕子京带来不朽美名的岳阳楼，却给滕子京招来一场灾祸。据司马光在《涑水纪闻》中记载"置库于厅侧自掌之，不设主典案籍。楼成，极雄丽，所费甚广，自入者亦不鲜焉。"意为：滕子京在重修岳阳楼时不设出纳会计，自己掌握修楼的资金，修成雄壮瑰丽的岳阳楼，虽花费了不少银两，但落入自己腰包的钱财也不少。

　　又传，1044年的一个夜晚，遭到告发的滕子京在家里焚毁了所有往来书信，这一行为更让人有理由质疑，他是因为心虚在焚毁贪污证据。

　　此时，对滕子京颇为欣赏并同为改革派的范仲淹，在滕子京被告发时竭力为其辩护。朝廷立即派出官员专门就滕子京贪污事件立案调查，调查结果令告发者大失所望。谁能相信，曾经统帅过千军万马的滕太守家里，除了几个书柜之外，竟无任何积蓄和钱财。事实足以证明滕子京确是清正廉明的好官。

　　至于滕子京毁掉家里书信，是因为他担心诬告罪名一旦成立，会牵连更多无辜人员入狱，他愿以一己之力承担所有罪责，保护相关支持新政的文臣武将。

　　1047年，滕子京调任苏州知府，上任不久后就病逝了。几年后，范仲淹也驾鹤西去。公道自在民心，数百人来到范家祠堂，像失去亲人一样痛哭哀悼，斋戒了三天才散去。

岳阳楼一角

覆巢之下亦有完卵

及至元、明、清三代，由于社会、经济的发展，岳阳不再只是贬官形迹所至之地，然而历代统治者仍屡屡着力修缮已完全成为景观建筑的岳阳楼。

据记载，岳阳楼在历史上大大小小的维修共 40 多次，真正大规模修缮，除了滕子京修缮那次，光绪六年（1880 年）张德容修缮岳阳楼，应该是历史上规模最大的一次，堪称一次重修。

清代岳州知府张德容将鲁肃与岳阳楼的渊源，以及对鲁肃的敬仰之情，暗含在岳阳楼的设计之中。专家经过多次考证，认为岳阳楼的盔顶，属于一种纪念性的设计。清代岳阳楼的盔顶建筑设计，把中国古建筑的曲线美发挥到了极致。岳阳楼主楼的高度虽然不足 20 米，比滕王阁和黄鹤楼的规模都要小，但却是江南名楼中唯一一座保留完好的中国清代楼阁。

清代末年和民国时期，军阀混战，列强入侵，战火频繁。乱世之中，黄鹤楼和滕王阁先后毁于战火。这期间，南北军阀曾多次攻占岳阳，有人甚至用"焚烧岳阳楼"作为筹码，向岳阳商绅索要金银财物。

岳阳楼

　　岌岌可危中，岳阳楼等来了另一位对它情有独钟
的统治者。1932年，蒋介石和宋美龄路过岳阳，指令
湖南省政府主席拨款重修，维持名胜。

　　历代统治者重修名楼，都是因为对《岳阳楼记》
所倡导的忧乐精神推崇备至，这其中映射统治者什么
样的一种心态呢？自《岳阳楼记》诞生以来，忧乐精
神便成为历代帝王所推崇提倡的一种文化思想，居庙
堂之高则忧其民，处江湖之远则忧其君，这篇文章的
绝妙之处就体现在兼顾了忠君和亲民两个方面，既符
合统治者的要求，又符合老百姓的愿望。

修葺一新的岳阳楼很快就面临新的劫难。1938年，侵华日军攻打岳阳。岳阳古城成了血与火的土地，岳阳楼作为一座纯木质结构的建筑，在现代武器和火力面前本不堪一击，然而它却奇迹般地成为覆巢之下的完卵。

不得不说，岳阳楼的幸存充满了传奇色彩。

早在1937年8月2日，日军便派出3架飞机侵入岳阳古城上空，投掷两枚燃烧弹；1938年6月至9月，岳阳多次遭受敌机的狂轰滥炸。最多时日寇一次出动飞机27架，连续轰炸30多次。然而不可思议的是，敌机的炮弹竟避开了岳阳楼这个明显的地标。

日本人到岳阳以后，把岳阳楼当作指挥部。岳阳楼处于水路交通咽喉，日军的战备物资、增援部队、后勤给养，都要通过本处的码头用水路运出去。另外为了维护日军自己提出来的"日华亲善"的伪善面具，他们不会肆意地在这个地方毁坏虐烧。

不仅如此，从1942年至1943年，中、美两国空军为了摧毁日军阵地和截断其运输线，先后20次派出飞机轰炸日军湘北会战的集结地岳阳城。出于对历史文化古籍的保护，中、美空军同样避开了岳阳楼。

蓝天下的岳阳楼

　　历史的真相虽然隐秘，却永远是客观的。从根本上看，还是岳阳楼本身的文化价值和实用功能拯救了岳阳楼。

　　一枚陈列于"点将台"下湖滩上的西晋铁枷，见证了抗战时期岳阳楼发生的一切。

　　十四年抗战，从精神层面上，其实是源自中国人的忧患意识和对民族精神的维护，这正是千百年来中华民族饱受强大的外侵而永远不会亡国的原因所在。

四面湖山归眼底，万家忧乐到心头。如今的岳阳楼上，再也听不到当年鲁肃操练水军的杀声震天和滕子京在楼前的凭栏痛哭，也看不到范仲淹奋笔疾书的身影。然而先贤"先天下之忧而忧，后天下之乐而乐"的民本意识，早已化作时代的民本精神，生生不息。

历经1700多年的岳阳楼，注定将屹立千秋万代，因为它的生命力，已随中华民族融为一体，一起走向了一个新时代。

忧乐天下，岳阳天下。

岳阳门

吴越古塔
雷峰塔

　　雷峰塔又名皇妃塔，位于今浙江省杭州市西湖区，伫立在西湖风景区南岸的夕照山之上。这座雷峰塔因白娘子的故事而家喻户晓。相传，善良痴情的白蛇因追求真爱被法海和尚镇压于这座塔下。唯有西湖水干、雷峰塔倒，白娘子才能得以解救。然而，这个浪漫爱情传说以外，雷峰塔真正的身世却鲜为人知。

　　据史料记载，雷峰塔是五代十国时期吴越国王钱俶为供奉佛祖舍利、祈求国泰民安而建，

西湖雷峰塔

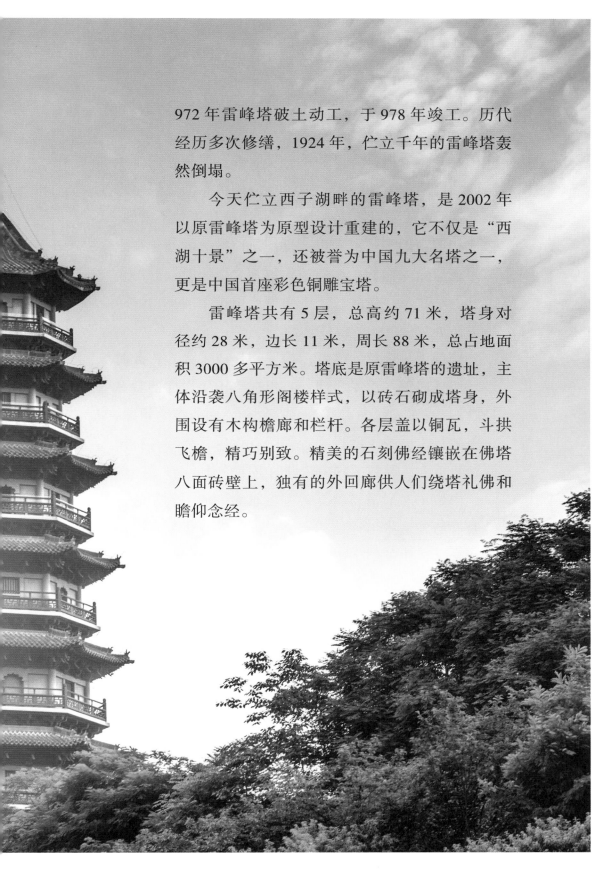

972 年雷峰塔破土动工，于 978 年竣工。历代经历多次修缮，1924 年，伫立千年的雷峰塔轰然倒塌。

今天伫立西子湖畔的雷峰塔，是 2002 年以原雷峰塔为原型设计重建的，它不仅是"西湖十景"之一，还被誉为中国九大名塔之一，更是中国首座彩色铜雕宝塔。

雷峰塔共有 5 层，总高约 71 米，塔身对径约 28 米，边长 11 米，周长 88 米，总占地面积 3000 多平方米。塔底是原雷峰塔的遗址，主体沿袭八角形阁楼样式，以砖石砌成塔身，外围设有木构檐廊和栏杆。各层盖以铜瓦，斗拱飞檐，精巧别致。精美的石刻佛经镶嵌在佛塔八面砖壁上，独有的外回廊供人们绕塔礼佛和瞻仰念经。

《白蛇传》与雷峰塔

提到雷峰塔，大家的第一反应多会联想到白娘子与许仙之间的爱情传说。关于《白蛇传》的传说由来已久，大家现在熟知的故事版本是由清代流传下来的。

相传白娘子（白素贞）是一条白蛇，她幼年在山林间被捕蛇人捕获，在捕蛇人欲杀之取胆时，被一个善良的小牧童拦住并救了下来，死里逃生的小白蛇暗暗记住了救命恩人的模样。

修炼千年之后，蛇妖白娘子幻化成了人形，此时她已经练成很多法术，便一心想报答千年之前的救命之恩。寻找恩人途中，她结识蛇妖小青，两人结为姐妹，一路同行。白娘子经过观音菩萨点化后，终于在杭州西湖断桥上，寻到了牧童转世的书生许仙。

白娘子对眉清目秀、善良敦厚的许仙一见倾心，她通过巧施法术与许仙相识，二人之间互生爱慕，情投意合，很快就结为夫妻。得知许仙的梦想是悬壶济世、治病救人后，白娘子便帮助他开了一家药铺。许仙不仅医术高超，而且医者仁心，对所有的病人一视同仁，不论高低贵贱，甚至免费赠医施药给付不起药费的穷人。遇到疑难杂症，白娘子甚至还会偷偷施展法术治愈病人。

一时间，白娘子与许仙的医术和品德得到镇上百姓的交口称赞，他们夫妻之间的感情也愈发恩爱。

雷峰塔

　　好景不长，金山寺的和尚法海无意间看穿了白娘子的蛇妖身份。

　　法海将这件事告知了许仙，并让许仙在端午节之日将雄黄下入白娘子的酒中。将信将疑的许仙照做，不知情的白娘子饮下雄黄酒现出巨型真身，吓死了许仙。为救许仙，白娘子上天盗取灵芝仙草救活了许仙。不料许仙却被法海骗至金山寺软禁起来，法海要求许仙从此与

江苏镇江金山寺

白娘子一刀两断，并皈依佛门。

原本善良的白娘子因救夫心切，便无所顾忌，与小青一起跟法海斗法。面对咄咄逼人、誓要除妖的和尚法海，白娘子一气之下施展法术水漫金山寺，却造成了生灵涂炭且无法挽回的后果。触犯天条的白娘子在诞下男婴后，身体虚弱、法力缺失，被法海镇压在雷峰塔下。

多年后，白娘子的儿子高中状元，到塔前祭母，感动上神，终将白娘子救出，全家得以团聚。

然而，民间也有传说"西湖水干，雷峰塔倒，白蛇出世，断桥相会"。当后人看到西湖的水并没有干涸，雷峰塔依然伫立西子湖畔时，认为白娘子并没有得救，她一定还被镇压在雷峰塔底。他们动了恻隐之心，便一块一块地盗取雷峰塔砖，期待有一天能"雷峰塔倒"，助白娘子重获自由，为白娘子与许仙可歌可泣的爱情故事画上圆满的句号。

1924年，伴随一声巨响，这座伫立千年、家喻户晓的千年古塔——雷峰塔，毫无征兆地轰然倒塌。漫天黄土中，杭州百姓纷纷雀跃欢呼，奔走相告。然而，传说中的白蛇是否如人们期待的那样重获自由却无从得知。

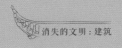

残缺不全的石碑

揭秘雷峰塔的传奇身世

雷峰塔倒塌的 76 年后，2000 年的一场考古发掘，终于拨开了历史的迷雾，揭开了这座掩埋在废墟之下的千年古塔的传奇身世。

2000 年，出于景区规划的需要，杭州市政府决定在雷峰塔倒塌的废墟上重建一座新塔。对雷峰塔遗址的考古勘察很快就拉开了帷幕。在这里，考古专家发现一块残缺不全的石碑，虽然仅存 162 字，却详细记述了建造雷峰塔的重要信息。落款的最后一行"吴越国王钱俶拜手谨书于经之尾"几个文字。通过对这些文字的解读，人们发现，原来雷峰塔的身世与《白蛇传》并没有关系，它真正的建造者是 1000 多年前吴越国一位名为钱俶的国王。

895 年，镇海军节度使钱镠平息两浙战乱之后，创立吴越国，并选定杭州作为国都。钱镠以保境安民为基本国策，三扩杭州城，建筑海塘、兴修水利、发展农桑，杭州呈现欣欣向荣的局面。

948 年，钱镠去世 16 年后，他的孙子——年仅 20 岁的钱俶被拥立为吴越国王。至此，吴越国政权已在钱氏四位先王的手中延续了 50 余年。年轻的钱俶不敢有丝毫的懈怠，勤于政事的同时，严格遵循着祖父钱镠的遗训。

在佛教思想影响下，开国君王钱镠认为以吴越国的规模与实力不可能独立，唯有屈尊臣服中原才是长久之策，深思熟虑后的钱镠制定了尊奉中原、永不称帝的治国原则。他的孙子钱俶继位后，依然延续着先王的立国之本，因而免受战乱的杭州城在多年的和平安定中，成为中国东南地区最为富裕的都市。

国运危难之际，雷峰塔应运而生

与东南吴越国的安宁截然不同，此时中国北方平原，一场惊心动魄的战争正在进行。

960年，后周大将赵匡胤发动陈桥兵变，夺取皇位，取代后周，改国号为宋，史称北宋。

宋太祖赵匡胤登基之后，吴越王钱

吴越王钱俶画像

俶立刻派遣使节前往开封纳贡称臣,以表达对北宋王朝的拥护。赵匡胤对恭顺的钱俶十分礼遇,赐封其为天下兵马大元帅。然而即使与宋朝保持了极为友好的关系,钱俶内心依然忐忑不安。

赵匡胤登基之初,中国版图上除了刚建立起来的北宋之外,同时存在着后蜀、南汉、南唐、吴越等割据势力。但是不到十年时间,荆湘、后蜀、南汉三地政权就相继被赵匡胤消灭,由北宋来终结五代十国分裂局面的大势已经形成。对于赵匡胤会如何对待自己的政权,钱俶丝毫没有把握。他只是隐约地意识到,表面稳定繁华的吴越国,也许面临着巨大的危机。

国家危难之际,虔诚向佛的钱俶每日吟诵佛经,祈愿国泰民安。面对皇室珍藏供奉的一件佛祖圣物,他却逐渐心生不安。相传释迦牟尼八十涅槃,弟子们焚化了他的遗体后,在灰烬中发现了一些奇异的结晶体,这些神奇的骨烬颗粒,被称作舍利。后来佛祖的真身舍利被分成八万四千份,散布世界各地。据说有一部分传入了中国。崇信佛教的吴越王室有幸得到了一份佛祖的头发舍利,人称佛螺髻发。

净慈寺

吴越国的命运何去何从，难以预料。倘若不幸卷入战争，动乱时局中佛祖舍利又该如何保存。一番深思熟虑之后，吴越王钱俶决定，在杭州修建一座佛塔用来安置佛螺髻发，并借此举祈祷吴越国能在佛祖的庇佑下顺利度过危难。修建佛塔首要面对的问题就是选址，如此一座前所未有的佛塔，应该建在何处？

　　南屏山，延绵横亘于西湖的南岸。钱俶继位后不久，便在这里兴建了净慈寺。到了971年，高僧延寿禅师居住于此已有多年。这一天，钱俶在净慈寺见到了延寿禅师。面对势不可挡的统一潮流，钱俶深感无力主宰国家的命运，唯有修建佛塔安奉舍利并祈求国泰民安。钱俶的想法得到了延寿禅师的赞许。

　　就在两人相谈甚欢时，钱俶的目光恰好落在了不远处的雷峰山上，一幅美妙至极的画卷在他的想象中徐徐展开。"南北相对峙，一湖映双塔"，如果将佛塔建在此处，不仅能与西湖对岸的保俶塔遥相呼应，而且净慈寺近在眼前，还能有名寺高僧守护佛塔，雷峰山无疑就是造塔的最佳地点。

　　972 年，来自四面八方的工匠汇集在
西湖南岸的雷峰山，用于尊奉舍利的佛
塔终于正式破土动工。

　　在雷峰塔建造之前，盛行礼佛之风
的吴越地区已经遍布各式各样的佛塔。

　　在西湖北岸的宝石山上，赫然伫立
着六面七级的实心砖塔，名曰保俶塔。

保俶塔

钱塘江边闸口，更是有着一座独特的白塔。塔以白石砌叠，浮雕精细生动，八边形的楼阁样式更是吴越国首创。将吴越国造塔技术推向高峰的是六和塔的建成，它的外观沿袭了白塔的八边形，但在建筑材料上一改以往砖石砌塔的形式，有了新的变化。

中国早期的佛塔一般采用木结构，最有名的便是北魏时期修建的永宁寺塔。然而这座木塔被一场雷电引起的大火焚毁殆尽。鉴于木塔容易引起火灾，工匠们改用具备良好防火性能的砖石来造塔。到了唐代，为了美化外观，佛塔进一步发展成为木构檐廊在外，砖砌塔身在内的建筑样式。吴越国六和塔采用的就是这种既安全又美观的砖木混合结构。

　　1000多年后的考古发掘现场，种种迹象表明，雷峰塔沿袭的正是六和塔的砖木混合结构。塔心为砖石砌成，塔檐和栏杆则是木头构件。然而根据残留遗迹，复原雷峰塔结构时，考古人员发现了一个不同寻常的地方。

　　考古队在清理完遗址现场后，发现雷峰塔是一个双套筒结构。按照常理，当时所建的佛塔一般只建一个回廊作为进出的通道。而雷峰塔内，用砖砌成内外两层套筒，因此形成两个回廊。这种设计颇为少见，这个外回廊是否有什么特殊用途？

　　按照钱俶的构思，雷峰塔以六和塔为蓝本，在规模和高度上都要远远超过前者。但这还不能满足钱俶对雷峰塔的想象。他强烈地渴望一处点睛之笔来突出这座佛塔的独特。就在钱俶专心于雷峰塔的设计之时，一封来自大宋朝廷的诏书送达杭州。

　　这一次赵匡胤提出了共同出兵讨伐割据政权的邀请，进攻的目标正是与吴越国毗邻的南唐。

雷峰塔遗址废墟

南唐，作为五代时期南方的主要割据政权，地处北宋与吴越之间。南唐最繁盛时，疆域范围遍及 35 州。随着国力衰微，南唐领地不断萎缩。961 年，后主李煜即位之时，南唐已由一个强盛的国家沦为中原的附属国。

雷峰塔遗址废墟

南唐后主李煜对北宋朝廷极为恭顺，始终纳贡称臣，希冀以此换取南唐国土与百姓的安宁。然而一味地屈服顺从，并没能推迟北宋统一的步伐。不久，赵匡胤下诏令李煜前来开封。李煜深恐入朝有去无回，便以生病为由拒绝了召见。此举激怒了赵匡胤，宋朝决定大举进攻南唐，同时要求吴越国共同出兵讨伐。

深知无力抵抗强大的宋朝，多年来吴越王钱俶不断派遣使者前往开封进献贡品，以求得大宋天子的欢心。为表忠诚，北宋讨伐割据政权，钱俶也曾多次出兵相助，然而这一次却大有不同。对于吴越国而言，南唐是它的最后一道屏障。一旦南唐覆亡，唇亡齿寒，吴越国也必将成了北宋的囊中之物。

　　面临江山社稷之存亡，吴越国内掀起了一片反对参战的声浪。几乎就在同一时间，南唐后主李煜派使者送来书信，提出与吴越国结成联盟，共同抗击北宋的请求。

　　"今日无我，明日岂有君？"李煜在信中言辞悲切却又直指要害。钱俶也深知唇亡齿寒的道理，若是南唐灭亡，失去了这个屏障，大宋进攻吴越国几乎易如反掌。但是如果自己不帮助赵匡胤夹击南唐，北宋十万大军的铁蹄必然首先踏平吴越。为了保全祖宗所传家业，钱俶不得不亲点兵马北征南唐。与此同时，他派人将李煜的来信呈送给赵匡胤，以表自己助宋灭唐的决心。

　　2000年在雷峰塔发掘现场，关于外回廊用途这个困扰考古人员多日的谜团，终于露出端倪。短短几天时间，1000多件石刻佛经碎片相继出土，它们几乎无一例外的都在外回廊的填土中被发现。由于中国古代多次发生灭佛运动，古人为了把经文永久保留下来，所以把大量经文雕刻在石头上以求不朽。

雷峰塔出土的石刻佛经碎片

大量佛经石刻的发现，让考古队员联想到了遍布吴越国境内的佛教经幢。这种佛教中独有的建筑，一般由石头逐级垒砌而成，基座四面雕有佛像，主体部分则是刻满佛经，供佛教徒瞻仰、念诵。这种方式恰好与雷峰塔外回廊发现的石刻佛经十分相似。可以推想，当年雷峰塔的设计者也许正是受到了经幢的启发，最终完成了雷峰塔独一无二的设计。

专家推测，雷峰塔外回廊外侧的佛经石刻围绕了佛塔一圈，这种设计应该是为了便于虔诚的佛教信徒近距离瞻仰佛塔、诵读经文。

塔底层带有的外回廊是用来观看佛经的场所，考古人员的推断解答了外回廊特殊用途的疑问。原来，经过吴越王钱俶独具匠心的设计，石刻佛经被镶嵌在雷峰塔外套筒的八面砖壁上，虔诚的佛教徒就可以围绕着外回廊瞻仰观看塔身佛经。这不仅有效传播了佛教经典，更使雷峰塔别出心裁，独树一帜。

吴越国纳土归宋，雷峰塔提前竣工

975 年，对于吴越国来说是个多事之秋。北宋军队势如破竹攻破南京城，后主李煜奉表投降。南唐灭亡，吴越国在强大的北宋面前岌岌可危。果然几天后，一封诏书火速送达杭州——赵匡胤邀钱俶前来开封相见，吴越国朝廷上下一片惊恐。

历史上的中央王朝，若想消灭或吞并周边附属小国，一般都会把附属小国的国王及其他王室成员扣押起来当作人质，如此不费一兵一卒便能占领统治他的国家。

吴越王钱俶深知此次北上开封，必会凶多吉少，但拒绝入朝意味着与北宋公开决裂。南唐灭亡的悲剧如前车之鉴历历在目，思虑再三的钱俶别无选择。976 年正月，带着深深的感伤和无奈，钱俶离开杭州，北上开封，觐见太祖皇帝。

风雨飘摇的五代乱世，为了安置佛祖舍利、祈求国运，吴越国王钱俶倾其所有修建佛塔。然而佛塔尚未完工，钱俶就被迫离开杭州北上开封。

这一年，杭州的冬天显得特别漫长，吴越王宫一片寂静，西子湖畔建造雷峰塔的工程也被迫中断。只有钟磬不绝的寺院中，依然青烟缭绕，人们都在祈求吴越王钱俶早日平安归来。

直到春天姗姗来迟的时候，吴越之地惶恐的气氛才逐渐消散。千里之外的开封传来消息，受到宋太祖隆重的礼遇之后，吴越王钱俶踏上了归乡的路途。

吴越国钱俶所建的净慈寺

临行前赵匡胤秘密赐给钱俶一个黄锦匣，并叮嘱他离开开封后方能开启。

钱俶遵从旨意，直到返回杭州才拆开了这件神秘的礼物。锦匣中几十封奏章，全是北宋朝臣们上奏请求永久扣留钱俶的内容。宋太祖的言外之意不言自明：我本该顺应朝臣的意思把你留下，但我相信你吴越国对大宋的忠诚，所以如今我是冒天下之大不韪的风险把你放回杭州，你应该能感受到这份信任的分量，此后，你也该好好考虑吴越国的未来，今后该何去何从。

多年的忠心换来了赵匡胤对钱俶的网开一面，但借着大臣的奏折，赵匡胤也委婉地表达了自己的用意。直到这一刻，钱俶才恍然明白：

归附和臣服远远不够，赵匡胤最终想要的是钱
俶主动交出吴越政权，纳土归宋。

纳土归宋，这是钱俶最不愿意面对的现实。
早在北上开封之前，重病在身的延寿禅师对钱
俶也曾经有过相同的劝解。

延寿禅师临终前，钱俶曾亲自探访他，并
问他有何遗言指教，延寿禅师竭力劝谕钱俶要
"舍别归总"。这原本是佛家用语，指佛家众
多教派的不同见解，最后都要统一于释迦牟尼
的思想作为唯一真理。延寿禅师的言外之意，
是要钱俶放弃吴越国的独立政权，纳土归宗，
归顺大宋才能免除吴越国百姓的战争之苦。

然而面对这样的建议，钱俶实在难以接受。

　　祖父钱镠生逢乱世，九死一生打下江山。三代先王励精图治八十年苦心经营，才有吴越今日繁盛的局面。20多年来，吴越国对大宋朝廷言听计从。为表忠心，钱俶甚至不顾唇亡齿寒，助北宋灭南唐。他的唯一愿望，就是保住附属国的地位，使吴越政权得以延续。倘若将吴越疆域和政权悉数献给大宋朝廷，吴越国必然灭亡，钱氏家族创立的基业毁于一旦，自己将无颜面对九泉之下的先王。

　　不久后，延寿禅师在净慈寺中圆寂，钱俶依然无法接受他纳土归宋的劝告。对于是否交出吴越政权，钱俶始终心怀侥幸。尽管赵匡胤发出了纳土归宋的暗示，但这种委婉的方式也意味

冬日的净慈寺和远处的雷峰塔

着，他愿意给出充裕的时间让钱俶做出抉择。在等待中，钱俶期望着局面能出现新的转机。

钱俶从开封归来之后，被迫中断的造塔工程得以继续。直到此时雷峰塔只建到了第四层。按照这样的速度，整座佛塔竣工至少还要五年时间。为了早日完工，钱俶不得不担负起监督的职责，加快造塔工程的进度。

就在这一年秋天，千里之外的北宋都城发生了巨大的变故。宋太祖在一个深夜里毫无征兆地悄然死去，继承帝位的是他的弟弟赵光义。这位新皇帝的即位让原本已摇摇欲坠的吴越更加岌岌可危。继承帝位的赵光义，远远不及兄长宋太祖宽宏大度。他不仅在朝廷内大开杀戒，排除异己，同时更是筹划着将矛头指向吴越，以便进一步加快统一中国的步伐。

心存侥幸的钱俶确实等来了转机，但却与他的期盼背道而驰。北宋的巨大变故让钱俶彻底醒悟，保住吴越附属国的地位终究只是一个奢望。赵光义绝不会像兄长一样容许吴越政权暂时存在，一旦他坐稳了江山，必然会迅速处理吴越政权这样的心头之患。如果不想让先祖创立的王朝断送在自己的手中，唯有孤注一掷，对抗北宋。

157

钱俶最初规划的雷峰塔

2000年，在雷峰塔遗址发掘现场，人们发现雷峰塔的塔高疑点重重。造塔记文石碑上，遗留的文字透露了钱俶最初对雷峰塔的规划。他的愿望是建造13层的通天高塔。令人费解的是，在后世流传的绘画作品中，雷峰塔的形象无一例外，仅有五层，而并非最初设计的13层。

由于佛塔是佛祖的象征，其体量的大小和高度代表着对佛祖的崇敬程度。受到中国传统文化中"高台近仙"思想的影响，修建高大的佛塔，意味着更加接近佛教所宣扬的神圣天国。在钱俶的心目中，这座修建在西子湖畔的佛塔必须是前所未有的杰作，在高度和规模上要远远超过之前的佛塔。那么是什么原因，让他一改初衷，放弃了自己对雷峰塔空前高度的规划？

这一天，满心惆怅的钱俶来到了祖父钱镠的书房。为了缅怀祖父，这里的陈设依然保持着钱镠生前的样子。就在这间尘封多年的书房里，钱俶发现了一幅西湖山水画。题写在画上的一首诗吸引了他的目光，"牙城旧址扩篱藩，留得西湖翠浪翻。有国百年心愿足，祚无千载是名言。"

这里面有个故事：912年，钱镠在凤凰山封王，他计划在此扩建自己的王宫，结果一位看风水的方士告知他，在此扩建吴越国基业只能保一百年，如果把西湖填平建王宫，可保千年基业。钱镠听了这个建议立刻驳斥他，历史上从来没有过千年政权，吴越国政权能生存一百年已经足够了。

开国君王钱镠拒绝了风水先生的建议，吴越王宫就在凤凰山上的旧址进行扩建，西湖免除了被填平的厄运。后来这段佳话广为流传，有人便赋诗赞颂吴越王的开明，并把这首诗题写在了西湖山水画上赠送给了钱镠。

"历史上何来千年的王朝，我有国百年已足矣"，祖父豁达的话语让钱俶恍然大悟。多日来内心的踌躇和困惑在这个瞬间得到了释怀。古往今来，最长的王朝，莫过于周朝，前后也不过八百年。历史上从未有过延续千年的王朝，唯有百姓才是国家之根本。

不久，当佛塔修到第5层时，负责施工的官员收到了钱俶的命令：改变原来千尺13层的造塔计划，雷峰塔的修建就到此为止。在造塔记文中钱俶做出这样的解释：当初的愿望是建造可以登天的高塔，因人事、财力不足未能如愿，内心甚为歉疚。但考古学家认为，受到人力、财力的限制提前结束雷峰塔的建造，并非主要原因。

六年前，为祈求吴越国度过危难，钱俶修建佛塔安置佛祖舍利。深感无力主宰国家的命运，钱俶唯有将国泰民安的希望寄托于此。为了表示对佛祖的崇敬，他竭尽一切立志建造千尺13层的通天高塔。然而在造塔的过程中，钱俶逐渐领悟，虔诚向佛之心不在于修建的佛塔究竟有多高。从佛教慈悲精神出发，让吴越百姓避免战乱之祸，保住这最后一片乐土才是真正的修佛之道。

这个领悟让钱俶引咎自责。他改变了最初的计划，雷峰塔只建到第五层，安上了塔刹之后便宣告终止。978年2月，历时6年的雷峰塔终于竣工。沿袭八角形阁楼样式，雷峰塔以砖石砌成塔身，外围设有木构檐廊和栏杆。精美的石刻佛经镶嵌在佛塔的八面砖壁上，独有的外回廊供人们绕塔礼佛和瞻仰念诵佛经。动荡的五代乱世，吴越王钱俶凭借着坚定的意志和举国的财富，将一座留名千古的佛塔留于诗情画意的西子湖畔。

历史以巧妙的方式馈赠了这位无私的建塔者，从最终的效果来看，雷峰塔高度的变化不失为一个成功的设计，如果按照最初的规划建造 13 层，雷峰塔不免会与对岸高耸的保俶塔形象雷同，适当降低雷峰塔的高度，无意中促成了一组绝妙的美景：雷峰塔敦厚古朴，保俶塔纤细俊俏，两塔一南一北隔湖相望，呈现出"雷锋如老衲，保俶如美人"的完美搭配。

雷峰塔雪景

夕照山上的雷峰塔

吴越国与雷峰塔的悲壮命运

这一天，钱俶登上雷峰塔，西湖山水尽收眼底，一时间感慨万分。吴越国三代五王，保境安民，恩泽百世。这个显赫的家族创造了一方人间乐土，却必须在最荣耀的时刻选择离开。雷峰塔完工两个月后，钱俶决意启程前往开封，纳土归宋。

离别故土之时，钱俶跪别祖先。吴越王钱俶心里清楚，他这次的北上开封之行，再也不会有上次的运气，他即将面对的是一场生离死别，一旦离开，就再也不能回到这片故土。这应该也是他最后一次在故乡的祖庙里祭拜祖先。

当满载吴越王室的船队驶离杭州城时，暮色中的雷峰塔孤独地伫立在山峰上。雷峰塔的建成以仪式般的悲壮，宣告了一代明君开启的吴越国，在另一位仁慈的国王手中悄然终结。这是杭州的幸运。在改朝换代的历史关口，富庶美丽的杭州城免遭涂炭。三千里锦绣山川和11万带甲将士，钱俶悉数献纳给北宋朝廷。

至此，五代以来的南方割据政权全部终结。中国历史上第一次实现强盛的割据政权与中央政权的和平统一。

吴越王钱俶将雷峰塔留在了西子湖畔，独享山色和夕阳。988年，吴越国纳土归宋的第10年，正值钱俶60岁生日，赵光义赐酒祝寿，当夜钱俶身亡。直到去世，钱俶都没能回归故土，最终他被葬在了洛阳的北邙山。

Bai Suzhen longs for the world of mortals during the gathering of immortals.

　　此后，雷峰塔的命运堪称悲壮。北宋末年的战乱中，一把大火将雷峰塔木构外檐焚烧一空。18年后，南宋王朝定都临安，雷峰塔获得重修。到明朝嘉靖年间，倭寇大举进犯杭州，雷峰塔再次遭受劫难，烈火焚烧后唯有塔身孑然独存。

　　明代末年，民间传说《白蛇传》广为流传。凄美的爱情绝唱让人们对这座千年古塔的感情开始发生变化。善良的百姓被白娘子和许仙的爱情所感动，他

《白蛇传》故事浮雕

们希望自己也能为这对苦命鸳鸯帮点忙，把白娘子解救出来，而解救方式就是不停地去抽取雷峰塔的砖石。百姓们坚信只有塔倒了，镇压在雷峰塔之下的白娘子才能重获自由。

也许是为了解救被镇压在塔下的白娘子，善良的人们还为此演绎出了新的说法。民间盛传，雷峰塔的塔砖带有白娘子的灵气，有逢凶化吉的奇效。于是，来雷峰塔下盗挖塔砖的人与日俱增。

明代，雷峰塔经过一场大火的焚烧后，塔外层的木制屋檐都被烧毁了，只留下砖石结构的塔身。多年的风雨侵蚀使得塔身早已脆弱不堪，加上盗挖塔砖的行为愈演愈烈，原本坚实的塔基渐渐削弱。古老的雷峰塔面临着新的劫难。

1924 年 9 月 25 日下午，伫立千年的雷峰塔，终于轰然倒塌。"忽如黄雾迷天，殷雷震地，久之烟消雾淡，但见黄土一堆。"一位目击者在日记中留下了这样的描述。在雷峰塔倒塌后的废墟中，人们并没有找到传说中的白娘子。令人惊叹的夕照之景从此黯然消失，雷峰塔的传奇身世也随之湮没在了废墟之下。

舍利塔（局部）

70余载的沉寂之后，一个考古机缘在雷峰塔遗址上悄然酝酿。2001年3月11日，考古工作者为世人揭开了雷峰塔地宫神秘的面纱。当深藏地宫的铁函被缓缓打开，传说中的舍利塔夺目而出。跨越了千年时光，吴越王钱俶建塔供奉的佛祖舍利，终于出现在世人面前。

在舍利塔塔身，人们发现四周繁复的图案描绘了佛祖苦修成佛的事迹。"尸毗王割肉贸鸽"这是佛经中一个古老的传说。为了救下被老鹰追逐的鸽子，尸毗王从腿上割下肉，以自己的血肉之躯换取鸽子的性命。

这一刻，人们突然意识到，纳土归宋保全百姓，1000多年前吴越王钱俶的抉择和尸毗王这种忍受痛苦、自我牺牲的信念多么惊人地相似。人们不禁唏嘘感叹，究竟是历史诠释了佛经中古老的传说，还是传说造就了这段历史？

舍利塔

167

"中国瓷塔"
琉璃塔

　　大报恩寺位于今天的南京市秦淮区中华门外，琉璃宝塔建在大报恩寺的中轴线上，史料记载是由明成祖朱棣为了纪念朱元璋与马皇后而建。

　　大报恩寺是在被烧毁的天禧寺的旧址上重建的，它与琉璃塔的整个修建工程，历时 17 载，耗费近 250 万两白银。这座琉璃宝塔，自建成之日起至最后毁灭一直是中国最高的建筑，被誉为世界建筑史上的奇迹。

琉璃塔共有 9 层，高约 78 米，相当于 26 层楼高，塔内外置长明灯 140 余盏。塔身有八面，外由白色瓷砖和五色琉璃瓦组成，晶莹剔透。每块外砖上都镌刻有用金箔裹身的佛像，累计达上万个，在阳光下金光闪烁、灿烂无比。

在黄、绿相间的拱门上，有飞天、金翅鸟、龙、白象等图案，造型生动，制作精美。塔顶和每层飞檐下都垂悬风铃，共计 152 只，千米之外都能听见风铃清脆的声音。

1854 年，太平天国的军队攻占南京，这座闻名世界的琉璃宝塔在炮火中轰然倒塌。今天屹立在南京大报恩寺的琉璃宝塔是 2004 年由南京市筹划复建的，2015 年大报恩寺遗址公园正式开放，这座古老的寺庙以崭新的容颜迎接着海内外慕名而来的中外游客。

大报恩寺琉璃塔

安徒生笔下的"中国瓷塔"

1839 年，丹麦著名作家安徒生在童话《天国花园》中写道：一位名叫东风的少年，穿了一套中国人的衣服，刚从中国飞回来。关于中国的印象，东风是这样告诉他的风妈妈的："我刚从中国来，我在瓷塔周围跳了一阵舞，把所有的钟都弄得叮叮当当地响起来！"

安徒生笔下的这座东方瓷塔并不是他幻想的，而是南京大报恩寺里的琉璃宝塔。在 19 世纪的西方，琉璃塔作为中国标志性建筑已经深入人心。

那时，很多到过中国的西方诗人和画家都这样描绘：在中国南京有一座美轮美奂的高塔，"你看那座瓷塔，奇异而且古老，高耸入云天"。琉璃宝塔以其流光溢彩的五色琉璃，被西方誉之为"南京瓷塔"，与罗马斗兽场、比萨斜塔等并称为"中世纪世界七大奇迹"。

清代顺治年间，荷兰画家约翰·尼霍夫（Johan Nieuhof）随使团来到中国，绘制了多幅琉璃塔及南京城的铜版画。回国后，他根据访问中国的经历，出版了《荷使出访中国记》一书，并配有这座琉璃宝塔的 150 幅插图。他还在游记中写道："你所看到的，所有营造设施都美轮美奂，巧夺天工，浸染着古老的中国风韵，我想整个中国也没有别的地方可与这里媲美了。"这本书在西方产生了很大的影响，从此欧洲越来越多的人知道中国有座精美绝伦的佛塔，他们称之为"南京瓷塔"。

大报恩寺琉璃塔

　　虽然这个翻译并不准确，因为琉璃是
一种带釉的陶器，而不是瓷器，称作"南
京陶塔"更为适合。但是随着这个不准确
的译名，"南京瓷塔"却风靡了世界。

　　约翰·尼霍夫所见的琉璃塔，已经经
历了200多年岁月洗礼以及朝代更替，但
是它仍旧绚烂夺目。

　　然而遗憾的是，在约翰·尼霍夫的画中，
原本9层的琉璃塔被绘制成了10层。这个
不经意间犯下的错误，导致西方国家在仿

约翰·尼霍夫绘制的10层琉璃塔

建时竟然也将宝塔建为10层，而这恰好违反了中国宝塔皆为单数层的传统。

中国佛塔的层数全都选择单数与我国古代的阴阳之说有关，《周易》中把单数作为"阳"，把双数作为"阴"。在很多领域，"阳"代表白天，"阴"代表夜晚，人生属"阳"，人死属"阴"，佛教的许多活动和形象也都采用奇数，以此来表示清静上天或吉祥之意。

约翰·尼霍夫之所以会画错，很可能是他误将宝塔底层高大的木构回廊另外算作了一层，从而将底层的重檐分作两层来进行描绘。

古建筑檐脊斗角琉璃构件

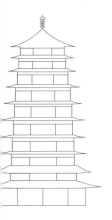

琉璃塔修建背后的真相

1408 年，南京城外的天禧寺被一场大火烧成灰烬。4 年之后即 1412 年，永乐皇帝朱棣，决定重新修建天禧寺，依照大内样式扩建殿宇，建造一座皇家规模的寺院，并修建一座九级琉璃塔。整个大报恩寺和琉璃塔的修建，共征调 10 多万名夫役，耗时 17 年，耗费 250 多万两银子。

由于工程浩大、工艺复杂，整整修建了 12 年，直到朱棣临终之时，这座琉璃塔依然没有竣工。为什么朱棣要始终不渝地坚持修建琉璃宝塔？难道真的像他写的《重修报恩寺敕》那样，仅仅是为了报答父母的恩德以及为天下苍生祈福吗？

朱棣在位 22 年，功绩斐然，他营建了北京城，编纂了约三亿七千万字的《永乐大典》，铸造了世界上最大的永乐大钟，是什么力量驱使一位帝王如此不计代价地营建这些浩大的工程？这位颇受争议的皇帝内心又隐藏着怎样的复杂情感？随着考古工作的深入，历史的谜团将一一揭开。

朱棣画像

　　21 世纪初，南京市博物馆考古部的工作人员接到一项重要的任务——寻找琉璃塔的塔址。工作人员立即对大报恩寺遗址进行考察，然而要想在这片寸土寸金的城市中心地带进行考古挖掘，必须寻找到突破的线索。

　　再现琉璃塔的辉煌，成为每一个考古队员心中的期待。然而经过了五个多月的考古挖掘，对琉璃塔塔基的寻找仍旧一无所获。有着如此丰富的史料记载，大报恩寺的遗址就在脚下，可是琉璃塔的位置在哪呢?

　　报恩寺遗址上有两块巨大的石碑，掩藏在民居之中，随着拆迁工作的进行，两块石碑显露了出来。北边的御碑是宣德时期的，碑身还在，

大报恩寺遗址石碑

驮碑的龟趺有些毁坏；南边的御碑是永乐时期的，只剩下一个比较完整的龟趺。从史料上可以确定，这正是大报恩寺的遗物。

这两块御碑虽然有些残缺，但是位置却没有移动过，这为寻找塔基提供了一个非常重要的坐标。

据记载，琉璃塔处于大报恩寺主院落的中轴线上。如果能够确定寺院的中轴线，那么琉璃塔的位置将会更容易找到。

随着地表建筑垃圾的清理，考古人员又发现了一块很小的青石板，它的材质与现代的建筑砖瓦完全不同。对于大报恩寺布局研究透彻的考古人员，对此进行了详尽的考证，证实这块青石板正是大报恩寺的香水河桥上的。

据史料记载，香水河桥正好位于大报恩寺北区的中轴线上，再加上之前发现的两块御碑，有了这三个点位，考古人员终于确定了中轴线的位置。

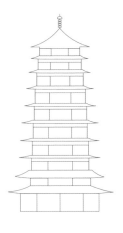

1424 年，也是永乐皇帝在位的最后一年。这一年，朱棣亲手为大报恩寺写了碑文，"开创国家，协心致理，德合天地，功在生民，至盛极大，无以复加也。"他在碑文中明确指出，修建大报恩寺是为了报答父母之恩，并对朱元璋和马皇后的功德大为称赞。其实，朱棣真实目的是向天下昭示自己是朱元璋与马皇后的嫡子，是皇室正统接班人。

5 个月之后，明成祖朱棣驾崩于北征回京的路上，而此时尚未竣工的大报恩寺琉璃塔，也成了他无缘见面的遗憾。

众所周知，明成祖朱棣的皇位，是从侄子建文帝手中抢夺过来的。而在朱棣亲自撰写的大报恩寺碑文上，他将自己皇位的传承进行了篡改，将建文帝从历史上彻底抹掉。当权之后，朱棣更是对明初的历史统统进行了篡改。

朱棣反复强调自己是嫡子身份，结果却适得其反，导致人们对他的出身产生了更多的怀疑。正统史料已经很难成为凭据，朱棣真是嫡子吗？如果他的生母不是马皇后，又会是谁？这个举世瞩目的琉璃塔到底是为谁而修建？而这个秘密就隐藏在大报恩寺中。

　　考古工作进行了大半年，这一天终于传来了一个好消息。就在当初挖掘了半年之久的宝塔顶十号院北侧，考古队首先发现了石灰基槽。整个基槽呈八边形，正中间是一个像井一样的圆形坑。经过专家们的反复研究论证，这个圆形的地方很可能就是地宫的开口。

　　伴随佛塔一起修建的往往还有一个神秘的地宫，地宫内存放着金银珠宝和珍贵的佛教用品，法门寺塔和雷峰塔都曾经发现过地宫。法门寺修建于唐朝鼎盛时期，地宫内不但宝物惊人，还有珍贵的佛祖指骨舍利。

　　大报恩寺是明代最大的皇家寺院，朱棣更是一个喜欢大手笔做事的皇帝，在这座琉璃塔地宫之内，一定会埋藏更多的珍宝。或许会有传说中郑和带回来的佛牙舍利，又或许朱棣会在发愿文中写明自己生母的身份。

　　专家们经过反复考察终于确定，地宫保存完好，没有任何盗掘痕迹，一座宝藏就要被开启，一段历史之谜即将揭开。

法门寺地宫中的宝藏

法门寺

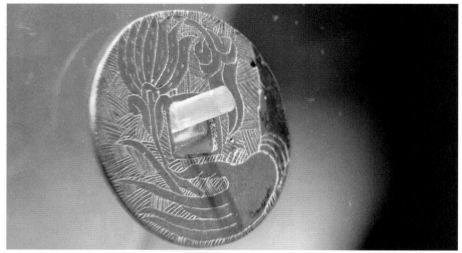

铜钱

　　2008 年 7 月，南京市博物馆考古队，终于准备正式开启地宫。地宫里首先发现的是一层土和一层石块的填充物，这些填充物保存完好，说明整个地宫从来没有被盗掘过。清理之后，专家们发现了一块 50 厘米见方的石块，石块表面粗糙没有经过任何打磨，而且形状不规则，就是这块石板，让期待已久的考古人员大吃一惊。

考古人员原本认为自己发掘的是一座明代皇室地宫，但皇家工程不管是材料还是工艺都应该是精益求精、一丝不苟，为什么会出现一块完全未经打磨的石块？

考古人员带着疑问，继续挖掘。经过两天的努力，重达250千克的青石板终于被揭开了。出现在专家眼前的是一层密密麻麻的铜钱（封地宫前撒铜钱，这是一道必不可少的程序）。铜钱上布满了铜锈，难以辨识。铜钱底下是一个石函，里面紧紧套着一个铁函。又经过了几个昼夜的奋战，第一块石板被吊了上来。石板高达1.5米，说明石函体积巨大，而最终发现的正是目前地宫中所见的最大的石函。这个发现让考古人员欣喜不已。

考古人员认为可能会发现一个可以跟唐代法门寺媲美的、装满珍贵器物的大宝库，另外他们期待通过发掘得到一些明确的答案，例如朱棣的生母到底是谁？朱棣建大报恩寺到底是为了什么？郑和下西洋从斯里兰卡请回的佛牙是不是在地宫里面？

铜钱

大报恩寺遗址石碑

铁函被加上了隔热、防火等 9 层防护层，经过全体工作人员几天几夜的努力，终于被安全运出地宫，并在严密的监控下被送往南京市博物馆。当人们都沉浸种种美好的期待中时，考古人员在石函局部露出的碑文上，意外发现了"金陵"二字，这两个字让满怀期待的考古人员再次陷入了绝望之中。

"金陵"是宋代人对南京的称呼，而到了明代，金陵已经是南京的一个别称。皇家寺院地宫的碑文中，一定不会使用金陵来称呼南京，这说明这个地宫很可能不是明代修建的。

寻找了一年多的大报恩寺琉璃塔的地宫，难道真的错了吗？如果这个地宫真的不是琉璃塔的地宫的话，那么它的塔址又在哪里？地宫还会不会存在？尽管考古人员不愿意相信眼前这个结果，但是很快他们的判断就得到了证实。

用来封地宫口的铜钱原本以为会是"永乐通宝"，但是经过清洗之后发现，时代最晚的铜钱是北宋真宗年间的"祥符元宝"。铜钱共有 12,000 多枚，其中大部分都是不用于流通的纪念币。

关于建塔的时间，石碑铭文中明确出现了"大中祥符四年"的字样，也就是 1011 年。铭文中还记载了，这座塔是长干寺的圣感舍利塔。由北宋高僧可政，在得到宋真宗的批准之后，通过民间集资建造的。

原本以为找到的是举世闻名的琉璃塔的地宫，实际却是民间修建的圣感舍利塔地宫，这让所有人的心里都难免有些失落。尽管此次发掘的地宫是最深的，铁函也是最大的，但这些都无法弥补人们对于大报恩寺琉璃塔地宫的期待。580 多年之前的，那座美轮美奂的琉璃塔，是否还能找到它的遗迹？

大报恩寺遗址石碑

抽丝剥茧，揭开历史之谜

几百年来，文人墨客对于大报恩寺琉璃塔进行过很多描绘。然而关于琉璃塔的地宫，在明史中却只字未提。地宫是什么样子？里面又埋藏了什么物品？是否会有释迦牟尼的真身舍利？到了清代，琉璃塔的地宫却被详细地描述成了一座宝藏，夜明珠、避水珠、宝石珠、黄金白银、绸缎、经文，更有郑和下西洋所带回来的奇珍异宝，这些到底是清代人的想象，还是他们真的有所发现？

如果之前所发现的塔基和地宫不是明代的，那么琉璃塔的遗址也一定还在中轴线这个方向上。在塔基的西边，考古队发现了高达 5.5 米的夯筑台基，还有边长 2 米的柱础，这正是大殿的基址所在，也是当时南京考古发现的等级最高的建筑基址。但是在中轴线上，却始终没有再次发现塔基。

地宫出土的供养器物

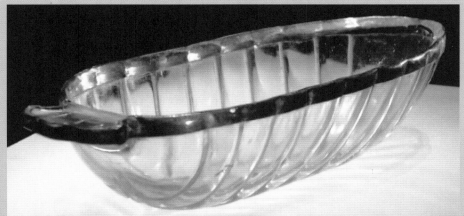

地宫出土的供养器物

阿育王塔局部细节

在地宫的东边，考古队终于发现了大报恩寺北区最后的两座建筑，经过尺寸比对，很快确定，这正是观音殿和法堂。

这两个建筑遗址的出现，让考古人员产生了一个大胆的推测。他们发现的这个观音殿与之前发现的大殿，前后距离仅有60米，在这个距离范围内只够放下一座塔基，也就是考古人员之前发现的塔基，从而得出结论，琉璃塔的塔基就是已经发掘过的塔基和地宫。

一座宋代甚至连砖瓦的垒砌都没有的地宫，真的会是闻名世界的琉璃塔的地宫吗？

地宫出土的铁函内有阿育王塔，专家们经过了一个多月的努力，终于把阿育王塔请了出来。这座七宝阿育王塔，是迄今为止中国考古出土的体积最大的一座。它内以檀香木作胎，表面银质鎏金，并镶嵌454颗"七宝"珠。通高1.18米，底座边长0.46米。虽然在造型上与杭州雷峰塔出土的阿育王塔十分相似，但是却更加精美，其体积是它的3倍之大。

　　铁函内还有大量保存完好的丝绸，虽埋藏了近千年，但是图案和花纹仍然清晰可见。地宫中总共出土的供养器物多达13,000多件，包括金、银、水晶、琉璃、玛瑙等各种质地。在阿育王塔内，还发现了两套容器，专家们推测这里盛放的一定就是在碑文中记载的佛顶真骨和10颗感应舍利。

　　如此高规格的地宫埋藏物品，让南京博物院的考古人员更加坚信了自己的判断，这个塔址应该就是大报恩寺琉璃塔的遗址，而地宫也是琉璃塔的地宫。

阿育王塔局部细节

史料记载大报恩寺的前身天禧寺，是在永乐六年（1408 年）一场大火中被烧毁的，当时所有的木结构建筑都被烧毁了。宋代建的塔是砖塔，众所周知砖塔不怕火烧，所以永乐皇帝下令重建大报恩寺的时候，保留了宋代的砖塔和地宫，直接在砖塔外面架起了一座琉璃塔。虽然这个猜想有点不可思议，但是仔细分析却完全符合逻辑。

　　然而，也有其他对大报恩寺和琉璃塔颇有研究的学者，对此却持不同意见。他认为，如果明代重修大报恩寺时，已经发现这个地宫，他们一定会对这个地宫举行复饰仪式，或重新安放释迦牟尼的舍利。但今天看到的地宫里都是北宋遗物，没有任何明代痕迹。

　　该学者研究推断，琉璃塔的塔基高于地面3.6米，其地宫则位于地平面之上，当琉璃塔被毁时地宫也随之被毁掉了。所以他认为，当前发掘的地宫并不是大报恩寺地宫。

今日大报恩寺内的禅宗雕像

郑和塑像

移花接木，抹杀历史

明宣德三年（1428年）三月，大报恩寺琉璃塔已经整整修建了16年，但是仍然没有完工。宣德皇帝对琉璃塔的工程进展十分不满。他责令在当年8月之前，琉璃塔的修建要彻底完成。

此时负责督造琉璃塔工程的，正是历史上赫赫有名的三宝太监郑和。自从永乐十九年（1421年），郑和完成第六次下西洋返回后，就投入了琉璃塔的工程之中。据说，郑和所有的部下将近10,000余人，以及舰队结余下来的100多万两的银子全都投入琉璃塔修建中。他们夜以继日赶工，终于在宣德皇帝规定的限期之内，使琉璃塔竣工。

琉璃塔共9层，相当于26层楼高，当时在南京城的任何一个地方，人们只要抬头南望，就能够看到它雄伟的身姿。白天，它在阳光的照耀下金碧辉煌。而每当暮色来临，琉璃塔上就会点燃140余盏明亮的油灯，无论是在钟山脚下的丛林之中，还是大江之上的渔舟之内，人们都能够看见这座灯火通明的高塔。报恩寺内还有100名僧人轮流值班，专门负责给油灯添油、剪芯，一年耗灯油数万斤。

明成祖朱棣画像

　　琉璃塔建成之日，宣德皇帝曾举行了盛大的落成典礼，大报恩寺里大斋七天七夜。因为宣德皇帝知道爷爷朱棣之所以修建大报恩寺，目的就是向天下昭告，永乐皇帝是朱元璋和马皇后的嫡传，以平息天下人对他篡位的种种不利说法。

　　在宣德皇帝亲手写的碑文中，他把太祖朱元璋、太宗朱棣以及仁宗朱高炽视作"三圣"。把自己继承帝位描述的更是天衣无缝、合情合理，建文帝在位四年的历史被完全抹杀了。

　　"我国家自太祖高皇帝受命为君，功德广大，同乎覆载。太宗皇帝奉天中兴，大德丰功，海宇悦服。仁宗皇帝嗣临大宝，功隆继述，远迩归仁。三圣之心，与天为一，与佛不二。"

　　无论是朱棣宠爱的孙子宣德皇帝，还是他十分信任的太监郑和，他们或许都十分清楚朱棣修建大报恩寺的用意，但是却未必知道，他内心对于大报恩寺的另一种复杂情感。经历代学者考证，朱棣并不是马皇后亲生，他的生母是谁已经成为一件历史谜案。

据野史记载，朱棣的生母，在进宫之后不足 7 个月就生下了朱棣。按照明朝后宫的规定，凡是进宫以后 7 个月内生孩子的要处以极刑，所以朱棣小的时候，他的母亲就被处死了。

生母早亡给年幼的朱棣造成了很大的心理创伤，使他从小养成一种极端自卑的心理。但他骨子里又有着皇家与生俱来的骄傲，始终不肯承认自己的自卑。他在姚广孝的唆使下发动靖难，极力想证明自己是一代明君，甚至超越了父亲朱元璋。由此可见，内心驱动是朱棣成为一代雄主的重要因素。

为了隐瞒自己身世，朱棣可谓是做足了文章，然而隐藏在极端权利欲和野心背后的，或许正是他对生身母亲深深的怀念和愧疚之情。在明成祖朱棣心中，这座大报恩寺的琉璃塔或许正是朱棣为生母所树立的丰碑。

明宣宗朱瞻基画像

北京明思陵
宫墙琉璃瓦

大报恩寺遗址的考古工作仍在继续，关于地宫之谜，专家们还在努力地寻找答案，然而永乐皇帝留下的琉璃塔谜团还远不止这些。

相传，当时烧制琉璃塔的构件时，一共烧制了三套。一套用以建塔，另外两套编了号码，埋入地下。在官窑窑址附近，曾经有一座眼香庙。因窑工长年烧窑，眼睛容易受伤，所以才建庙请来眼香娘娘保佑窑工的眼睛健康。据说在主持和尚手中留有一张琉璃构件的藏宝图，如果塔身上哪一块琉璃砖坏了，就按照藏宝图的标记，从地下挖出备用砖，填补上。这只是一个传说吗？

在南京博物院，有一个复原的琉璃塔的拱门，复原这个拱门的琉璃构件正是从眼香庙附近的地下挖掘出来的。专家推测，南京博物院这些琉璃拱门的构件，很可能就是传说中深埋地下的琉璃砖配件。遗憾的是，由于历史原因，大量的琉璃构件被粉碎制成了耐火砖，保存下来的寥寥无几。

关于琉璃塔的种种猜推测还在继续。这些琉璃经过了近 600 年的岁月，仍然颜色鲜艳、光亮如新，即使是现代工艺也很难做到。明代是中国琉璃发展的鼎盛时期，而大报恩寺塔正是中国建筑琉璃艺术的最高体现。

非成祖开国之精神，开国之物力，国之功令，
其胆智才略足以吞吐此塔者，不能成焉。

明·张岱《报恩塔》

明成祖朱棣之所以能作出如此巨大的贡献，一方
面跟他的个人性格有关，另一方面与他当时所处的时
代有关。明初，朱元璋在位期间执行休养生息政策，
大力扶持农业，不仅鼓励农民归耕、垦荒，组织农民
兴修水利，还提倡种植桑、麻、棉等经济作物。经过
努力，社会生产和经济发展得到了恢复和大幅提升，
史称洪武之治。小农经济的大力发展，为朱棣后来的
大兴土木在人力、物力、财力各方面奠定了基础。

朱棣一生都在努力摆脱篡位者的恶名，为此，他一
方面不惜大开杀戒，把不肯归降的旧臣统统残酷杀害；
另一方面，他倾尽全力，不计代价地修建这些浩大的工
程。他希冀用这些空前绝后的工程，作为自己强大意志
力和行动力的象征，用震古烁今的雄伟建筑为自己树立
丰碑，向天下人宣告他才是真正的千古圣君。

400多年后，这座闻名世界的琉璃宝塔在太平天
国军队的炮火中轰然倒塌。

"奇异而且古老、高耸入云天……白天似金轮耸
云，夜晚似华灯耀月。"

如今我们只能通过这些描述，来追寻童话中的
"中国瓷塔"。

日落时的大报恩寺

绝代风姿
阅江楼

　　阅江楼位于当今江苏省南京市鼓楼区的狮子山上,屹立于扬子江畔,是中国十大文化名楼、与黄鹤楼、滕王阁、岳阳楼合称江南四大名楼。

　　历史上建造阅江楼的初衷始于明朝开国皇帝朱元璋,朱元璋还特意为此写了《阅江楼记》,但是在刚刚打完地基后朱元璋又紧急叫停了阅江楼的修建,并又写了一篇《又阅江楼记》说明了停建理由,尽管后人对停建原因诸多质疑,但当时的阅江楼并未实际建造确是事实无疑,历史上的阅江楼只是一座"有记无楼"的空中楼阁。

现在看到的阅江楼是 1997 年由南京政府正式批建，并于 2001 年 9 月顺利竣工。阅江楼位于狮子山巅，山高约 78 米，楼体高约 52 米，总体高度约达 130 米，是江南四大名楼中最高的楼台，故又被称作"江南第一楼"。

阅江楼主体采用钢筋混凝土结构，门窗采用木结构，梁、柱、斗拱、椽、屋基等均按照明代皇室风格建造，做工精细，色泽艳丽，完美地呈现了朱元璋在《阅江楼记》中描述的"碧瓦朱楹，檐牙摩空而入雾……朱帘风飞而霞卷，彤扉开而彩盈"。

阅江楼风景区总占地面积 31 万平方米，水陆比例 1:2，绿化覆盖率高达 85%，景区有阅江楼、古炮台、古城墙、静海寺等在内的 30 多处历史遗迹，是集人文景观与自然风貌于一体的国家 4A 级旅游景区。

阅江楼

朱元璋始建阅江楼

自古以来，天下的好山好水与楼台之间似乎都有着天然的内在联系。滕王阁之所以名扬天下，历千年而不衰，靠的是王勃的《滕王阁序》，岳阳楼有范仲淹的《岳阳楼记》，黄鹤楼也因有了各种各样的佳文诗句才得以蜚声海内外。

位于南京城西北的阅江楼，也是因为两篇流传于世的《阅江楼记》才获得世人的关注。但鲜为人知的是，这两篇楼记的作者并不是普通的文人墨客，也不是身兼要职的朝廷大员，而是明朝开国皇帝朱元璋。

明太祖朱元璋亲自为一座楼作记，而且一写便是两篇，这在中国历史上可以说是绝无仅有。

这座楼究竟有何奇妙之处，能得到朱元璋的如此厚爱？

阅江楼

　　1374年早春的一天，处于南京城西北方的狮子山迎来了一群特殊的客人。这群人中，有一位意气风发、器宇轩昂的男人，他就是明朝的开国皇帝——朱元璋。他的到来，会给这里带来什么？

　　狮子山原名卢龙山，地处南京城西北，奔腾的长江水自西南方向流经此处后折向东流，地势险要，易守难攻。因而，卢龙山自古以来便是军事要塞、江防重地。

　　1360年，陈友谅以江州为都、自封汉王，占尽江西、湖广之地后，他自恃兵力强大，随即领兵40万进攻应天府（今南京）。而当时驻扎南京的朱元璋帐下只有几万人马可以御敌，双方力量悬殊太大。两军一旦交战，朱元璋几乎毫无胜算。在群雄逐鹿、成王败寇的关键时刻，朱元

狮子山

璋听取了谋士刘基的建议，在卢龙山附近制定了设伏御敌的作战方案，其中一个叫康茂才的人发挥了关键作用。

朱元璋差遣康茂才，给陈友谅修书一封。信中假意示好陈友谅，说"我康茂才投靠朱元璋只是迫不得已的权宜之计，并非出自真心。听说同僚兼老友的你（陈友谅）马上就要率大军攻打南京城，我心中喜不自禁，其实我早就期盼着这一天。我在南京城已经做好了充足的准备，如今终于等到了合适的时机，只要你们一进城，我负责配合接应，咱们里应外合，必定不费吹灰之力一举拿下南京城。"

这封"言辞恳切"的"密函"很快便传到了陈友谅手中。也许是求胜心切，也许是被胜利冲昏头脑，生性多疑的陈友谅竟这样中了朱元璋的计。等他明白过来时，一切都为时已晚。朱元璋早已在卢龙山切断了他的后路。兵败如山倒，一时间，陈友谅的40万人马溃不成军，被斩首、淹死10多万，被俘虏5万，缴获军械无数，陈友谅则率领残部落荒而逃。这一战就是朱元璋以少胜多的"应天大捷"。

卢龙山一战，朱元璋大获全胜。也正是这一战，确立了朱元璋"群雄之首"的地位，作为前敌指挥部的卢龙山在他心中也留下了深刻的记忆。1368年，40岁的朱元璋在南征北战的胜利凯歌中登上皇帝宝座，建都南京，国号大明，年号洪武。

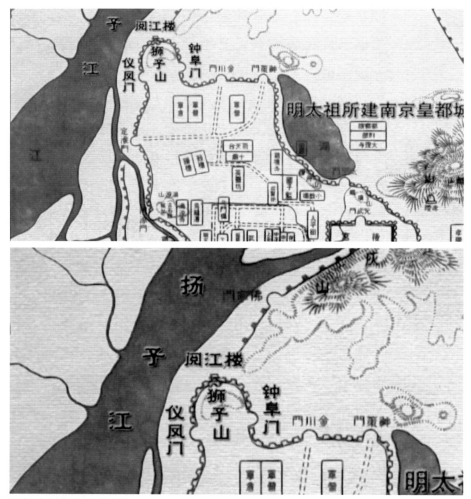

明朝绘制的南京城地图

"有记无楼"背后的隐情

7月的南京，潮湿闷热。来去匆匆的人们，很少会停下脚步静静凝视这座历经沧桑的古城。即使这样，在不经意的游走间，随处可见的历史遗迹，仍然昭示着这里曾经是一座帝王之都。

有一张明朝绘制的南京城地图，在这张图的西北位置，清楚地标注着一座叫作阅江楼的建筑。但600年来，却从未有人见识过这座楼的真实容貌，后人们只能从留存于世的《阅江楼记》和《又阅江楼记》中去想象它的绝代风姿。

而更令人惊奇的是，为此楼作记的居然是明朝开国皇帝朱元璋。能让明太祖朱元璋亲自为楼做记，足见这座阅江楼的历史地位非同一般。

回首朱元璋的皇帝路，走得颇为传奇。出身贫穷的朱元璋，当过放牛娃，出门要过饭，一度还出家为僧。成为农民起义军的领袖后，经过数十年的征战，40岁终登皇位，创立了大明王朝。

洪武七年（1374年），朱元璋站在曾经的战场卢龙山上，面对眼前奔腾不息的长江水，突然发现脚下的这座山与其说像一条高耸入云的巨龙，不如说像一头蹲着的雄狮。于是，朱元璋下令将卢龙山改名为狮子山，并下诏在此兴建一座阅江楼。

对于即将动工兴建的阅江楼，朱元璋表现出了超乎寻常的热情。他不仅亲自参与了选址，而且还迫不及待地提前写好了楼记。

"碧瓦朱楹，檐牙摩空而入雾，朱帘风飞而霞卷，彤扉开而彩盈。"这些美好的词句描画出了朱元璋心目中的阅江楼。大明的一切尽在自己的掌控之中，此时的朱元璋心情舒畅到了极点。

正在朝廷上下都为兴建阅江楼做准备时，明太祖朱元璋的心中却隐隐掠过一丝不安：此时大兴土木，究竟是对还是错？

洪武七年二月二十一日，明太祖朱元璋又写了一篇《又阅江楼记》。此时距离朱元璋上次写记仅过去数十天，该记的内容也与第一篇截然不同。通俗地讲，《又阅江楼记》是朱元璋的停建阅江楼记。

朱元璋的《又阅江楼记》中有"即日惶惧，乃罢其工"这样的字句，表明阅江楼就此停工，并未兴建。但是在那张明朝绘制的南京城市图上，却清楚地标注着"阅江楼"的准确位置就在狮子山附近。这不禁让人感到疑惑：一座从未兴建的楼，为何会赫然出现在地图上？

如此看来，只能有一种解释：当时阅江楼的兴建规模，确已成为朝廷的一件大事，但因种种原因建楼的计划最终还是夭折了。

阅江楼挂饰

600 多年的风雨沧桑，阅江楼仿佛成了一个遥远的记忆，消失在历史的尘埃中。后人只能从有限的文、诗、画中寻找关于它的点滴。大明皇帝兴致勃勃要修建的楼因何成为一座梦中楼阁？究竟是何原因令他在短短数十天内做出了截然不同的决定？

大明礼部侍郎吕楠的《游卢龙山记略》中写道："皇祖欲建阅江楼于此，惜其费财而止。"而明代文学家王世贞也曾写下"欲问阅江楼记处，露台元自惜民艰"的诗句。专家们从"惜其费财""惜民艰"这些文字中貌似找到了一些停建阅江楼的理由，勤俭治国的朱元璋会不会是因为当时国库空虚，财政紧张，所以停建阅江楼？

1374 年，刚刚建国六年的大明王朝，百废待兴。虽然拥有中原、江南这些广大富饶的区域，但由于蒙古各部时有骚扰，沿海地区又常有倭寇掠侵，此时的大明王朝真正一统中国的大业仍未实现。在这种情况下，明太祖朱元璋无暇他顾，他要集中精力巩固自己的军事力量。

从洪武二年（1369 年）开始，为了巩固北方的边防，朱元璋下令修筑长城。可以想见，这一时期明朝大量的财政收入基本都用在了同一个地方——军费开支。由此推断，朱元璋因为财政紧张而下令停建阅江楼，这种可能性完全成立。

但是，即便因一时经费不足而停建，那么朱元璋完全可以在国库充盈、经费宽裕之时再行修建，而阅江楼却就此一直未建。可见，因经费不足而停建，应该仅仅是后人的猜测，这个理由并不足以让人信服。

朱元璋雕像

中都未定，何以建楼

专家再次把视线转移到朱元璋的《又阅江楼记》上，"抵期而上天垂象，责朕以不急。即日惶惧，乃罢其工。"天象提醒朱元璋，相比大兴土木，他还有其他更紧急的事情要做，这个更紧要的事情是指什么？

"古人之君天下，作官室以居之，深高城隍以防之，此王公设险之当为，非有益而兴"，可见都城建设，才是君王此刻亟待解决的问题。

然而选在哪里定都，这个问题却困扰了朱元璋将近 30 年之久。

1369 年，是朱元璋建立大明王朝的第二年，他下令仿照南京的建制，在他的老家临濠（今凤阳）建造中都。

凤阳中都城遗址

朱元璋的决定得到满朝文武的支持，唯独一个人坚决反对，这个人就是刘基刘伯温。刘伯温认为凤阳不适宜建都，尽管是皇帝的故乡，但是凤阳地理位置不佳，交通不便，四面更没有险要的山水作为军事障碍，一旦发生战争，易攻难守，实非国都之佳选。但是朱元璋却听不进去，他坚持认为应该建都于此。

　　1375 年，春暖花开的二月，朱元璋率人兴冲冲地赶到凤阳巡视中都的修建情况。而正是这次无意间的巡视巡视，让朱元璋开始反思凤阳建都这个决定。

　　他想起当初只有刘伯温从一开始就反对凤阳建都，而满朝文武的支持者中90%以上皆是凤阳人。一旦凤阳中都城建成，文武官员结党营私，盘根错节的关系凝结在一起形成凤阳帮，到时候就成了大明皇权的最大障碍，甚至连朱氏皇帝的位置都可能不保。想到这层朱元璋吓出一身冷汗，他当即改变主意，下令停止在凤阳建造中都。停建的理由是劳民伤财。

凤阳鼓楼

经此一事，朱元璋又重新把精力转移回南京。很快，刘伯温便在南京选定了一处建立新皇宫的风水宝地。前有燕雀湖，背靠紫金山，按照风水学的说法，此处有"帝王之气"，是大明王朝建造新皇宫的绝佳地点。

新皇宫的内廷部分是在被填平的燕雀湖上所建，虽然当时采用了各种办法加固地基，但新宫殿建成后还是出现了地基下沉的问题。这给本来就对建都南京深感美中不足的朱元璋更添了一层心病。

1391年，朱元璋按捺不住迁都的念头，便派太子朱标到陕西西安进行实地考察。不幸的是，太子朱标的身体太过孱弱，从西安回来后大病一场，再也没有起来。次年春，朱标亡故，这对于65岁的朱元璋无疑是致命的打击。迷信天象的朱元璋自此彻底放弃迁都的念头，朱标之死在他看来，是上天警示他不要迁都。

因当初无法确定在哪里定都，所以停建阅江楼，这一说法乍听起来似乎有些道理。但仔细想想，这个理由并不能自圆其说。

南京燕雀湖

上天垂象，乃罢其工

朱元璋在自己所写的《阅江楼记》中，明确记载了修建阅江楼的原因：因为狮子山地势险要，视野开阔，在此建楼有助于观察敌情。由此看来，朱元璋兴建阅江楼的主要目的是出于军事防御。对于历来重视军事建设的朱元璋来说，对于国都的守护理应更加重视。而且阅江楼的建造规模明显不能与新皇宫相提并论，哪怕是抽调出建设新皇宫的十分之一，甚至千分之一的力量，都足以建楼。

看来，停建阅江楼应该有更重要的原因，那么，这个重要原因究竟是什么？

洪武七年（1374 年）二月初一，发生了一件令人惊异的事情。光芒四射的太阳，突然间产生了一个缺口，慢慢地缺口越来越大，最后太阳居然消失了！没过多久，太阳慢慢又露出了云端。在科技发达的今天，即使小朋友也知道这是日食，是星体运动过程中产生的一种天文现象。但对于天文知识匮乏的古代，民间称这一现象为天狗食日。对于尤其迷信天象的朱元璋，这一景象更是久久萦绕在心头，成了他挥之不去的梦魇。

日食景观

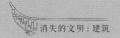

中国古代的帝王，最怕出现的天象便是日食，星占学的理论认为"日食，无道之君当之。"对于身居皇位的朱元璋，这是大凶之兆。1374 年，彼时的朱元璋颇有雄才大略，他又怎肯落下一个"无道之君"的骂名？

很快，专家在《明史》中又发现了这样一处记载："洪武二年十二月甲子，日中有黑子……七年二月庚戌至甲寅……并如之。"这段话的意思是说，洪武七年二月的十四日到十八日，太阳中有黑色的斑点。

古人把太阳和君主联系在一起，太阳的各种变化都被视为与君主的品行有关，并且预示吉凶。洪武七年二月的天空显然极其诡异。月初有日食，月中又连续五日出现太阳黑子。短短一个月内，连续出现几次异常的天象，而且这一切都恰好发生在朱元璋写完《阅江楼记》之后不久。频频发生的异常天象让身处帝位的朱元璋终日惶恐不安，他认为上天一定是对自己暗

《明史》书影

《明史》关于太阳黑子的记载

示着什么。

经过深思熟虑，朱元璋认为一定是自己下令建造阅江楼的举动触怒了天上的神灵，所以上天才会如此频繁地警示自己。"抵期而上天垂象，责朕以不急。即日惶惧，乃罢其工""夫宫室之广，台榭之兴，不急之务，土木之工，圣君之所不为。皇上拨乱反正，新造之国，为民父母，协和万邦。"因此，朱元璋当机立断，停罢"不急之务"，即当下正在兴建中的阅江楼。

朱元璋为了向上天、向百姓彰显自己是个有道之君，所以决定停建阅江楼。

因为"上天垂象"，于是"乃罢其工"，这在今天看来是一个多么荒唐可笑的理由。然而作为一个希望自己的大明王朝能够传承万代的封建帝王，朱元璋时时都在审视着自身的言行，这样的理由绝对不是借口，而是停建的重要原因。

梦中楼阁，今朝终成

星移斗转，600 年的时光转瞬即逝。2001 年，一座崭新的阅江楼终于矗立在了狮子山山顶。

滕王阁、岳阳楼、黄鹤楼，这些中国的古代名楼，均是屡毁屡建，但阅江楼却是一个例外。它没有先例可循，没有旧楼做参照，它只存在于古人的想象之中，这反而使今天的设计者有了更大的设计空间。

对于阅江楼设计者来讲，他们想要建造的是朱元璋《阅江楼记》中那座气势恢宏的阅江楼。作为明朝开国皇帝朱元璋下令修建的楼，其规格自然是相当高的，也需符合皇家园林建筑的风格与规制。

因此，新建的阅江楼被分为主楼和副楼，中间以一条走廊相连接。一般古建楼体的平面，大多是四方形，但阅江楼的设计师又在主楼的东面和南面各加了一块突出的部分，形成两个方向的"凸"字形，独特的创意设计让阅江楼的外部造型处处透着华贵。不规则的外形设计也形成了众多的屋角，层层叠叠，充分体现了皇家气派。

恢宏的阅江楼